Ravikumar P. Shingala
Radhika A. Bharai
B. M. Nandre

Resposta de variedades de feijão-da-índia (Lablab purpureus L.)

Ravikumar P. Shingala
Radhika A. Bharai
B. M. Nandre

Resposta de variedades de feijão-da-índia (Lablab purpureus L.)

Juntamente com biofertilizantes

ScienciaScripts

Imprint
Any brand names and product names mentioned in this book are subject to trademark, brand or patent protection and are trademarks or registered trademarks of their respective holders. The use of brand names, product names, common names, trade names, product descriptions etc. even without a particular marking in this work is in no way to be construed to mean that such names may be regarded as unrestricted in respect of trademark and brand protection legislation and could thus be used by anyone.

Cover image: www.ingimage.com

This book is a translation from the original published under ISBN 978-620-7-46146-2.

Publisher:
Sciencia Scripts
is a trademark of
Dodo Books Indian Ocean Ltd. and OmniScriptum S.R.L publishing group

120 High Road, East Finchley, London, N2 9ED, United Kingdom
Str. Armeneasca 28/1, office 1, Chisinau MD-2012, Republic of Moldova, Europe
Managing Directors: Ieva Konstantinova, Victoria Ursu
info@omniscriptum.com

Printed at: see last page
ISBN: 978-620-8-39461-5

Conteúdo

RESUMO

A presente investigação intitulada "Resposta de variedades de feijão indiano (*Lablab purpureus* L.) juntamente com biofertilizantes" foi realizada durante a estação *kharif* 2020-21 na quinta da faculdade, Faculdade de Horticultura, Universidade Agrícola Sardarkrushinagar Dantiwada, Jagudan, Dist. Mehsana, Gujarat, Índia. Havia doze tratamentos com as várias combinações de variedades (GJIB 2, GJIB 11, GNIB 22 e Arka Jay) juntamente com diferentes biofertilizantes (*Rhizobium*, PSB, *Rhizobium* + PSB). Os tratamentos foram replicados três vezes num esquema de blocos aleatórios com conceito fatorial, com um tamanho de parcela de 3,75 m x 1,5 m, em que as sementes foram semeadas com um espaçamento de 75 cm x 30 cm. As observações foram registadas em cinco plantas selecionadas aleatoriamente sobre os dias necessários para 50% de germinação, a altura da planta aos 60 dias após a sementeira e a colheita final (cm), o número de ramos por planta, os dias necessários para o início da floração, os dias necessários para a primeira colheita, os dias necessários para a última colheita, o número de vagens por cacho, o número de cacho por planta, número de colheitas, rendimento por planta (g), rendimento por parcela (kg), rendimento por hectare (q), comprimento da vagem (cm), número de sementes por vagem, teor de proteínas brutas (%) e número de nódulos radiculares por planta aos 60 dias após a sementeira e aquando da colheita e economia dos tratamentos foram submetidos a uma análise estatística de acordo com o procedimento normalizado.

Os tratamentos foram avaliados com base nas caraterísticas de crescimento, rendimento e qualidade do feijão-da-índia. Quase todos os atributos de crescimento, rendimento e qualidade do feijão-da-índia foram significativamente influenciados pelas variedades. A variedade GJIB 11 (v_2) exigiu um mínimo de dias para 50 % de germinação (4,00), enquanto a altura máxima da planta aos 60 DAS (114,68 cm) e na colheita final (166,02 cm), número de ramos por planta (28,29), vagens por cacho (6,73), sementes por vagem (5.20) e nódulos radiculares por planta aos 60 DAS (31,56) e na colheita (40,28), dias para a última colheita (155,56), rendimento por planta (306,03 g), por parcela (2,82 kg) e por hectare (139,09 q), comprimento da vagem (13,13 cm) e teor de proteína bruta (22,93 %). Enquanto que a variedade GNIB 22 (v_3) foi considerada superior, registando um mínimo de dias para o início da floração (41,53), a primeira colheita (74,91) e o número máximo de cachos por planta (25,44), bem como de colheitas (9,11).

A aplicação do biofertilizante *Rhizobium* + PSB (b_3) aumentou a altura da planta aos 60 DAS (76,41 cm) e na colheita final (109,93 cm). Enquanto que, o aumento do número de ramos por planta (23,97), cacho por planta (18,39) e nódulos radiculares por planta aos 60 DAS (31,88) e na colheita (40,88), rendimento por planta (229,71 g), rendimento por parcela (2,14 kg) e rendimento por hectare (105,56 q) e teor de proteína bruta (22,86 %) do feijão indiano. O efeito de interação entre variedades e biofertilizantes foi considerado não significativo para todos os caracteres.

Do ponto de vista económico, o rendimento bruto máximo (5,88,640 ?/ha), o rendimento líquido (4,79,449 ?/ha) e a relação custo-benefício (5,39) foram recebidos pela combinação de tratamento v2b3 (Variedade GJIB 11 com biofertilizante *Rhizobium* + PSB).

Pode concluir-se que a variedade GJIB 11 pode ser cultivada durante a estação *kharif* inoculando sementes com *Rhizobium* + PSB @ 25 ml por kg de sementes para obter maior rendimento, retorno económico e lucro líquido.

RECONHECIMENTO

Gostaria de expressar a minha mais profunda gratidão ao meu orientador principal, **Dr. B. M. Nandre,** Professor Assistente, Departamento de Horticultura, Faculdade de Agricultura, Universidade Agrícola de S. D., Tharad, pela sua excelente orientação, carinho, paciência e por me ter proporcionado um excelente ambiente durante a investigação e também por me ter deixado experimentar a investigação sobre mexilhões de água doce no terreno e questões práticas para além dos manuais, corrigindo pacientemente a minha escrita e apoiando a minha investigação.

Expresso a minha sincera gratidão ao meu orientador menor, **Dr. M. V. Patel**, e aos membros do comité, **Miss D. A. Patel**, **Shri R. I. Prajapati** e **Shri D. M. Thakor**, pela sua ajuda sempre disponível e pelas suas sugestões valiosas e construtivas durante as investigações.

Estou sinceramente grato ao **Dr. A. U. Amin**, Diretor da Faculdade de Horticultura, pelas suas valiosas sugestões e esforços consideráveis para tornar este problema um sucesso e expresso a minha profunda gratidão ao **Dr. B. S. Deora,** Diretor de Investigação e Decano de Estudos de Pós-Graduação da Universidade Agrícola de S. D., Sardarkrushinagar, por me ter permitido fazer parte do programa de estudos de pós-graduação desta universidade.

Estou grato ao **Dr. G. S. Patel,** Professor Associado e Diretor do Departamento de Ciências Vegetais, pela sua amável cooperação e por ter disponibilizado as instalações necessárias durante o meu trabalho de investigação.

Gostaria de agradecer ao **Dr. Mukesh Kumar,** Professor Assistente, Faculdade de Horticultura, Jagudan, pelo seu apoio durante a análise físico-química das amostras experimentais.

Agradeço também ao **Dr. H. N. Leua,** à **Miss Naziya Pathan,** ao **Shri K. Z. Vaghela,** ao **Shri D. P. Patel** e ao **Shri D. J. Patel, da** Faculdade de Horticultura de Jagudan, por terem disponibilizado as instalações necessárias durante o meu trabalho de investigação e pelo seu apoio moral.

Reconheço sinceramente a minha dívida para com todos os professores e membros do pessoal da Faculdade de Horticultura da Universidade Agrícola de S. D., Jagudan, pela sua ajuda e cooperação ao longo do estudo. Estou igualmente grato ao Departamento de Horticultura e ao Departamento de Estatística Agrícola pelo seu grande apoio sempre que foi necessário.

Gostaria de agradecer aos meus superiores Vijaybhai, Ankitbhai, Hirenbhai, Dharmeshbhai, Vishalbhai e Pallavbhai, que sempre estiveram dispostos a ajudar. Muito obrigado aos meus colegas de turma Nikunj, Pragnesh, Gautam, Jay, Harsh, Pavan e Pravina,

Radhika, Mansi, Komal, Dhara, Nisha, Beena e os juniores Dhruv, Sumit, Brijesh, Kartik, Harsh, Jigar, Abhyuday, Meet e Siddharth.

Não há palavras neste mundo mortal que sejam suficientes para exprimir os meus sentimentos para com o meu avô **Ukabhai**, a minha avó **Labhuben**, o meu pai **Pravinbhai**, a minha mãe **Jyotsnaben**, o meu tio **Umeshbhai** e a minha tia **Nitaben**, pelo seu afeto sem limites, apoio moral, amor eterno, preocupação profunda, orações, apoio financeiro e sacrifícios pessoais que sustentam a paz na minha vida. Um agradecimento especial ao meu melhor amigo **Praful, Mayur, Mahesh, Hardip, Dhaval, Parth** e **Pooja** por estarem sempre comigo. Apoiaram-me sempre e encorajaram-me com os seus melhores desejos e ideias.

Local: Jagudan
Data: /08/2021

[SHINGALA RAVIKUMAR P.]

I. INTRODUÇÃO

O feijão-da-índia (Lablab purpureus L.) é uma erva doce, arbustiva e semi-erecta, pertencente à família Fabaceae com 2n = 22 cromossomas. É vulgarmente conhecido como feijão de campo, feijão de jacinto, feijão Dolichos, feijão egípcio, feijão Bonavist, Sem, etc., enquanto localmente é conhecido como "Papadi". É uma cultura predominantemente autopolinizada (Byregowda et al., 2015).

O feijão indiano é uma das mais antigas espécies de leguminosas cultivadas e é atualmente cultivado em todas as regiões tropicais da Ásia, África e América. Acredita-se que o feijão indiano seja originário da Índia, como documentado por achados arqueobotânicos na Índia de 2000 a 1700 a.C. em Hallur, o mais antigo sítio da Idade do Ferro em Karnataka, a 1200 a 300 a.C. no sítio de escavação de Veerapuram em Andhra Pradesh (Fuller, 2003).

A Índia tem uma área de 228 ha de cultivo de feijão-da-índia com uma produção de 2277 MT de feijão-da-índia. Na Índia, é cultivado em Bihar, Jharkhand, Madhya Pradesh, Chhattisgarh, Deli, Punjab, Gujarat, Maharashtra, Kerala, Karnataka, Tamil Nadu e Uttar Pradesh. Entre estas, a produtividade é mais elevada em Tamil Nadu, com 18,66 MT/ha. Gujarat cobre uma área de 62,61 ha e produz 645,56 MT de feijão-verde, a mais elevada de todos os outros Estados. Em Gujarat; Banaskantha, Anand, Kheda, Ahmedabad, Mahesana, Vadodara, Surat, Navsari, Chhotaudepur, Junagadh e Gir Somnath são bons produtores de feijão-da-índia. (Anon. 2018).

As suas vagens e sementes verdes são muito nutritivas e ricas em hidratos de carbono (6,7 g), proteínas (3,8 g), gorduras (0,7 g), minerais (0,9 g), magnésio (34,0 g), cálcio (210 mg), fósforo (68.0 mg), sódio (55,4 mg), ferro (1,7 mg), potássio (74,0 mg), enxofre (40,0 mg), vitamina A (312 UI), riboflavina (0,06 mg), vitamina C (9,0 mg), ácido nicotínico (0,7 mg) e fibra (1,8 g) por 100 g de porção comestível. (Thamburaj e Singh, 2003).

O feijão-da-índia é uma excelente cultura tolerante à seca para ser cultivada em terras secas com precipitação limitada. Na Índia, o rendimento médio de vagens verdes varia entre 96,43-153,32 q/ha (Dewangan et. al., 2018). É uma cultura polivalente cultivada para leguminosas, vegetais e forragem. Também é capaz de crescer numa grande variedade de ambientes.

A planta é utilizada como decocção na intoxicação alcoólica, no tratamento da cólera, diarreia, envenenamento por peixe-globo, gonorreia, leucorreia e náuseas. As sementes eram utilizadas para estimular o estômago, como antídoto para envenenamento, menopausa, espasmos e para o tratamento da cólera, diarreia, cólicas, reumatismo e insolação. O sumo da vagem é utilizado como adstringente, digestivo, estomacal para expulsar vermes e para o tratamento de ouvidos e garganta inflamados. As flores são utilizadas para tratar a inflamação do útero e para aumentar o fluxo menstrual. A planta é também utilizada como anti-inflamatório, afrodisíaco, antiespasmódico, antidiabético, febrífugo e para doenças flatulentas, biliosas, estomacais e fleumáticas. Em África, na Ásia e nas Caraíbas, também é consumida como legume verde sob a forma de feijão verde, vagem e folha (Al-Snafi, 2017).

O tratamento de sementes antes da sementeira é o tratamento dado às sementes antes da sementeira para melhorar a germinação precoce, o vigor e manter a saúde das sementes. O tratamento de sementes descreve tanto produtos específicos como técnicas específicas, que podem melhorar o microambiente para a germinação de sementes. Os materiais de tratamento de sementes são geralmente aplicados às sementes sob uma de quatro formas: pó, chorume, líquido e formulação para caixas de plantação.

O tratamento de sementes pode ser efectuado com qualquer uma de duas ou mais bactérias.

Não há efeitos secundários (antagónicos). Os aspectos importantes a ter em conta são que as sementes devem ser primeiro revestidas com cultura de Rhizobium, Azotobacter ou Azospirillum. Quando cada semente recebe uma camada destas bactérias, então o inoculante de bactérias solubilizadoras de fosfato (PSB) tem de ser revestido como uma camada exterior. Este método fornecerá um número máximo de todas as bactérias necessárias para obter melhores resultados.

Os biofertilizantes desempenham um papel importante no aumento da disponibilidade de azoto e fósforo. Aumentam a fixação biológica do azoto atmosférico e aumentam a disponibilidade de fósforo para a cultura. As sementes tratadas com cultura bacteriana de Rhizobium aumentam a nodulação e influenciam o rendimento, além de economizarem, em certa medida, o custo dos fertilizantes. Também oferece proteção contra a deterioração do solo e a poluição ambiental causada pela utilização intensiva de fertilizantes químicos. A estirpe eficiente de Rhizobium pode fixar cerca de 90 kg de azoto por hectare numa estação e enriquecer o azoto do solo (Mishra et al., 2013).

Entre os biofertilizantes, os PSB possuem a capacidade de transformar fosfatos insolúveis em fosfatos solúveis através da secreção de ácido orgânico, que fica disponível para as plantas. Os PSB também decompõem as proteínas do solo e produzem amoníaco, que pode servir de fonte de azoto para o crescimento das culturas, aumentando assim a microflora do solo e reduzindo as substâncias tóxicas produzidas pelos agentes patogénicos das plantas. A inoculação de sementes com culturas de Rhizobium e PSB aumenta a nodulação, o crescimento das culturas, a absorção de nutrientes e o rendimento das culturas (Shrivastava e Ahlawat, 1993).

A avaliação do papel dos biofertilizantes, incluindo Rhizobium e PSB, para aproveitar o seu efeito no aumento do rendimento das culturas será uma tarefa difícil. Os biofertilizantes tornaram-se essenciais devido ao aumento do custo dos fertilizantes químicos e aos seus efeitos adversos na saúde do solo.

Hoje em dia, a utilização de biofertilizantes nas culturas é uma tendência quente e está a aumentar o rendimento das culturas sem quaisquer efeitos adversos no ambiente e no solo. Muitos estudos sobre o feijão-da-índia e outras leguminosas mostram que as culturas respondem bem à aplicação de biofertilizantes.

Há muito poucos trabalhos de investigação sobre a **resposta de variedades de feijão indiano** (Lablab purpureus **L.) juntamente com biofertilizantes** nas condições do Norte de Gujarat. Tendo em conta os factos acima referidos, foi planeada uma experiência com os seguintes objectivos

1. Estudar o desempenho das variedades em termos de crescimento, rendimento e qualidade
2. Estudar o efeito dos biofertilizantes no crescimento, rendimento e qualidade
3. Para descobrir o efeito de interação das variedades e dos biofertilizantes no crescimento, rendimento e qualidade
4. Para calcular a economia de diferentes combinações

II REVISÃO DA LITERATURA

O crescimento, o rendimento e a qualidade de qualquer cultura vegetal dependem de muitos factores, entre os quais a seleção da variedade e dos fertilizantes desempenha um papel importante, o que também se aplica à produção de feijão indiano.

Entre as diferentes práticas agronómicas, a seleção da variedade adequada e os fertilizantes são factores de produção não monetários importantes para obter rendimentos mais elevados. Uma boa variedade muitas vezes não consegue exprimir o seu potencial, mesmo em boas condições de gestão, a menos que se selecione uma variedade ou fertilizantes adequados. O fertilizante é uma das variáveis importantes que traz mudanças dramáticas nas condições de crescimento da cultura e, consequentemente, no rendimento. Há relatórios que indicam que o rendimento é consideravelmente reduzido quando o fertilizante não é corretamente selecionado.

Por conseguinte, a literatura disponível relacionada com a **resposta de variedades de feijão indiano** (Lablab purpureus **L.) juntamente com biofertilizantes** foi registada a partir das fontes disponíveis. A literatura relevante disponível foi revista e destacada nos seguintes tópicos gerais:

RESPOSTA DAS VARIEDADES
Sobre os parâmetros de crescimento
Sobre os parâmetros de rendimento
Sobre os parâmetros de qualidade
Sobre economia
RESPOSTA DOS BIOFERTILIZANTES
Sobre os parâmetros de crescimento
Sobre os parâmetros de rendimento
Sobre os parâmetros de qualidade
Sobre economia
EFEITO DE INTERACÇÃO ENTRE VARIEDADES E BIOFERTILIZANTES
Sobre os parâmetros de crescimento
Sobre os parâmetros de rendimento
Sobre os parâmetros de qualidade
Sobre economia

RESPOSTA DAS VARIEDADES

Sobre o parâmetro de crescimento

A. Feijão indiano

Ananth e Kumar (2018) realizaram uma experiência de seleção de genótipos de feijão dolichos para crescimento e rendimento na região costeira de Tamil Nadu. Revelaram que o genótipo Arka Jay era considerado o melhor, uma vez que expressava uma floração precoce e valores máximos nos parâmetros de crescimento e floração.

B. Outras leguminosas

Singh (2000) estudou a resposta de variedades de feijão de cacho a diferentes espaçamentos durante o verão e observou que a variedade GG-1 produziu plantas mais altas e maturidade precoce em comparação com HG-75 e GAUG-9003 em todas as fases de crescimento da cultura. Observou-se um número significativamente mais elevado de ramos por planta com a variedade GG-1 e a par com a HG-75.

Futuless et al. (2010) compararam as diferentes variedades de feijão-frade e descobriram que a variedade White Kananado era superior em altura de planta (190,41 cm) e número de ramos por planta (5,62), enquanto a variedade White Boron Local era mais precoce na floração

(38,02 dias).

Patel et al. (2011) realizaram uma experiência de campo sobre o efeito de diferentes espaçamentos entre plantas e variedades nos parâmetros de rendimento do feijão-frade e observou-se uma floração precoce (36,92 dias) com a variedade GC-3.

Ramana et al. (2011) estudaram o feijão-frade em Tirupati e relataram que a aplicação de 75% de FTR + VAM @ 2 kg/ha + PSB @ 2,5 kg/ha aumentou significativamente a altura da planta (49,56 cm), o número de ramos por planta (10,13), a área foliar (1041,50 cm^2) e o peso seco da planta (21,14 g) na variedade Arka Suvidha, seguida pela Selection 9 e Arka Komal.

Kumar et al. (2012) compararam as diferentes variedades de feijão de cacho e relataram que a cultivar HG220 foi superior em altura de planta (128,3 cm) seguida por HG563 (120,5 cm) e HG365 (110,2 cm). Não se registaram diferenças significativas nos dias até à maturação e no número de ramos por planta.

Patel et al. (2013) realizaram uma experiência de campo durante o verão na NAU, Navsari, para estudar a resposta de diferentes cultivares de grama verde à gestão integrada de nutrientes nas condições do Sul de Gujarat. Observaram que a variedade Meha registou uma altura de planta significativamente máxima (57,35 cm), número de ramos por planta (3,71) e acumulação de matéria seca por planta (18,69 g) em comparação com a variedade GM 3. Enquanto que um número significativamente máximo de dias para 50% de floração (41,26) foi registado na variedade GM-3.

Amin et al. (2014) estudaram o desempenho de diferentes variedades de feijão-frade em vários parâmetros de crescimento em Jagudan e relataram que dias mínimos para 50% de floração (40,6) e dias mínimos para a primeira colheita (46,5) foram observados com a variedade Pusa Phalguni. O máximo de dias para a última colheita (86,0), altura da planta (58,8 cm) e ramos primários (4,6) foram observados com a variedade AVCP-1.

Anupama et al. (2016) realizaram a experiência de campo sobre o efeito de diferentes variedades de feijão de cacho e biofertilizantes nos parâmetros de crescimento, rendimento e qualidade e relataram que a variedade Guar Kranti observou dias mínimos para a germinação, 50% de floração, primeira colheita, altura máxima da planta aos 30 DAS, número de ramos aos 30, 60 DAS e na última colheita. A variedade Thar Bhadvi teve o melhor desempenho no que respeita à altura da planta aos 60 DAS e à última colheita.

Pawar et al. (2016) realizaram uma experiência de campo sobre o desempenho varietal do feijão-frade em termos de crescimento, produção de sementes e atributos de qualidade. Os dados revelaram que a variedade Arka Garima apresentou precocidade na germinação (4 dias) e percentagem de germinação (100 %), enquanto a altura máxima da planta foi contribuída pela variedade Arka Samridhi. A floração precoce (53,33 dias) foi registada na variedade Kashi Kanchan, enquanto a maturidade precoce da vagem a partir da floração (23 dias) e a duração mínima da cultura (88 dias) foram registadas na variedade AVCP-1.

Sobre os parâmetros de rendimento

A. Feijão indiano

Ananth e Kumar (2018) revelaram que, de entre os vinte genótipos, o peso máximo de uma vagem (3,95 g), o número de vagens por planta (54,25), o rendimento por planta (214,02 g) e o rendimento por hectare (11,77 t) foram observados no genótipo Arka Jay, seguido do Ankure Goldy.

Ro et al. (2019) realizaram uma experiência sobre o desempenho dos genótipos de feijão dolichos para o rendimento das vagens e caraterísticas de qualidade e o desempenho médio de Arka Jay foi registado como o rendimento máximo de vagens por planta (912,0 g) e o mais baixo por Glory (228,5 g).

B. Outras leguminosas

Patel et al. (2011) registaram um comprimento de vagem significativamente máximo (18,45 cm), número de grãos por vagem (15,99), rendimento de vagens verdes por planta (9,86 kg) e rendimento de vagens verdes por ha (8,42 t) com a variedade GC^3.

Amin et al. (2014) revelaram que foi observado um número significativamente máximo de vagens por planta (56) e de cachos por planta com a variedade Pusa Phalguni e vagens por cacho (5,0), peso de vagem verde (4,1 g) e rendimento de vagem verde (103,5 q/ha) com a variedade JDNVC-74.

Anupama et al. (2016) relataram que a variedade Pusa Navbahar registou o número máximo de cachos por planta (13,04), número de sementes por vagem (9,41), rendimento de vagem por planta (74,18 g), por parcela (1,63 kg) e por hectare (164,83 q), também a variedade Thar Bhadvi teve o melhor desempenho em relação ao número de vagens por cacho (9,08).

Pawar et al. (2016) revelaram que a variedade Arka Suman foi significativamente superior em termos de rendimento e atributos de rendimento em relação às restantes variedades.

Patel e Kumari (2018) realizaram uma experiência de avaliação varietal do feijão-frade hortícola no que respeita ao rendimento nas condições do Norte de Gujarat e revelaram que quase todos os parâmetros de rendimento foram significativamente influenciados pelas variedades. A variedade Kashi Nidhi foi considerada superior no que respeita ao rendimento máximo de vagens verdes por planta (262,51 g), ao rendimento por parcela (4,20 kg) e ao rendimento por hectare (155,54 q). Enquanto que a Arka Samridhi foi considerada superior no que respeita ao número de vagens por planta (64,66). A variedade Kashi Nidhi foi considerada superior para atingir um rendimento mais elevado.

Sobre os parâmetros de qualidade

A. Feijão indiano

Ro et al. (2019) observaram, do ponto de vista nutricional, que o genótipo de sementes Sarpan registou um teor máximo de proteínas (3,84 g), enquanto que o Bhopal Local registou um teor máximo de fibras nas vagens e o Glory um teor máximo de açúcar total (1,25 %).

B. Outras leguminosas

Singh (2000) referiu que a variedade GAUG-9003 apresentou um teor de proteínas significativamente mais elevado do que as outras variedades.

Amin et al. (2014) obtiveram um teor significativamente máximo de proteína solúvel (11,1 %) com a variedade AVCP-1, enquanto que o teor de fibra bruta (18,3 %) e o teor de açúcar total (5,3 %) foram observados com a variedade Pusa Phalguni.

Anupama et al. (2016) observaram que a variedade Pusa Navbahar era superior ao registar o comprimento máximo das vagens e o teor de proteína bruta do que as outras variedades.

Pawar et al. (2016) observaram que a variedade Kashi Kanchan era superior às outras variedades no que respeita aos traços de qualidade.

Sobre economia

Singhal et al. (2014) realizaram uma experiência de campo com quatro cultivares de feijão de cacho e quatro níveis de zinco em Bikaner e observaram que a cultivar RGC-1066 registou maiores retornos líquidos (^ 137010/ha) e rácio B:C (6,97) sobre RGC-1003, RGC- 1017 e RGC-936.

Patel e Kumari (2018) revelaram que Kashi Nidhi e Arka Samridhi foram considerados superiores no que respeita aos caracteres de rendimento para obter o máximo rendimento.

RESPOSTA DOS BIOFERTILIZANTES

Sobre os parâmetros de crescimento

A. Feijão indiano

Desai et al. (2020) estudaram o efeito da gestão integrada de nutrientes no feijão indiano rabi e relataram que todos os atributos de crescimento do feijão indiano foram máximos sob inoculação de sementes com Rhizobium + PSB em comparação com a não inoculação de sementes.

B. Outras leguminosas

Chandran (2005), durante a estação kharif de 2004, estudou o efeito da inoculação de sementes com Rhizobium e solubilização de fosfato (Pseudomonas e Bacillus sp.) em grama verde e relatou que meio RDF + 5 toneladas de lama de prensa + Rhizobium + PSB aumentaram significativamente a altura da planta, o número de ramos, a área foliar, a produção de matéria seca, o número e a umidade seca de nódulos radiculares em relação à aplicação apenas de RDF.

Sripriya et al. (2005) estudaram o efeito de biofertilizantes (lama de prensa, Rhizobium e PSB) e nutrientes (NPK) em parâmetros morfofisiológicos de grama verde e relataram que meio RDF + 5 t PM + PSB aumentou significativamente a altura da planta, área foliar, número de ramos, produção de matéria seca e peso seco de nódulos radiculares.

Rokhzadi et al. (2008) realizaram uma experiência sobre a influência das rizobactérias promotoras do crescimento das plantas na acumulação de matéria seca e no rendimento do grão-de-bico em condições de campo e observaram que a taxa máxima de acumulação de matéria seca nos nódulos radiculares, raízes e rebentos foi registada através da aplicação da inoculação combinada de Azospirillum + Azotobacter + Mesorhizobium + Pseudomonas.

Mishra et al. (2010) avaliaram o efeito da inoculação de biofertilizantes no crescimento e no rendimento da ervilha-de-cheiro anã em conjunto com diferentes doses de fertilizantes químicos e concluíram que a aplicação combinada de 100 % de FTR e a inoculação de sementes com Rhizobium + PSB + PGPR melhoraram os atributos de crescimento.

Das et al. (2011) relataram que os parâmetros de crescimento, ou seja, altura da planta, número de folhas e ramos por planta, foram significativamente aumentados em maior medida pelo tratamento 75 % RDF + Vermicomposto + Rhizobium + PSB em comparação com RDF sozinho na variedade de feijão-caupi Pusa Komal.

Dekhane et al. (2011) realizaram uma experiência na JAU, Junagadh, sobre o rendimento e os caracteres que atribuem rendimento ao feijão-frade, influenciados por biofertilizantes e níveis de fertilidade na var. GC-4, e concluíram que as sementes de feijão-frade inoculadas com Rhizobium aumentaram significativamente os parâmetros de crescimento, nomeadamente a altura da planta e o número de ramos por planta.

Karnan et al. (2012) estudaram o efeito dos biofertilizantes nos parâmetros morfológicos e fisiológicos do feijão-frade e observaram que as plantas inoculadas com biofertilizantes apresentavam uma germinação máxima das sementes, comprimento dos rebentos, altura das plantas, número de ramos, comprimento dos ramos, comprimento das raízes, número de nódulos e constituintes das folhas, em comparação com o controlo.

Madhavan et al. (2012) observaram que as plantas inoculadas com biofertilizantes em feijão-frade apresentaram um máximo de germinação de sementes, número de rebentos, comprimento dos rebentos, altura das plantas, número de ramos, comprimento dos ramos, comprimento das raízes, número de nódulos, folhas, flores e constituintes dos frutos, em comparação com as plantas de controlo não inoculadas.

Ahmed et al. (2013) estudaram o efeito da fonte de azoto, dos biofertilizantes e da sua interação no crescimento, rendimento e composição química das plantas de guar e registaram que a aplicação de sulfato de amónio 60 kg de azoto por fad + biofertilizante aumentou significativamente o parâmetro de crescimento.

Patel et al. (2013) registaram que a altura máxima das plantas, o número de ramos por planta e a acumulação de matéria seca foram significativamente melhores com Rhizobium + PSB, que foi significativamente igual a PSB.

Prasad et al. (2013) concluíram que a altura da planta aumentou significativamente devido à aplicação de biofertilizantes e fósforo em cada fase sucessiva do crescimento da planta. A altura máxima das plantas foi registada em 64,53 cm e 58,80 cm devido a Rhizobium e PSB, respetivamente, após 45 dias de sementeira, enquanto a inoculação com Rhizobium e PSB aumentou significativamente o número de folhas por planta após 30 dias de sementeira e o número de ramos por planta aos 45 dias de sementeira.

Anupama et al. (2016) relataram que a aplicação de biofertilizante PSB e Rhizobium @ 25 g por kg de semente aumentou o número de ramos aos 60 DAS e na última colheita.

Prajapati et al. (2017) estudaram o efeito de diferentes combinações de INM e revelaram que a aplicação de 75 % FTR + FYM 5 t/ha + PSB 2 kg/ha + cultura de Rhizobium 3 kg/ha e 75 % FTR + vermicomposto 5 t/ha são a melhor combinação de fertilizante orgânico e inorgânico para aumentar o parâmetro de crescimento do feijão de cacho, juntamente com a melhoria do estado dos nutrientes do solo.

Sharma et al. (2018) estudaram o efeito da gestão integrada de nutrientes no crescimento e rendimento do feijão de cacho var. Pusa Navbahar e descobriram que a altura máxima da planta (85,77 cm) com a aplicação de NPK @ 20:40:40 kg/ha respetivamente + 10 t/ha de vermicomposto + 200 g de Rhizobium por 10 kg de sementes em comparação com outras combinações de tratamento.

Sharma et al. (2019) observaram parâmetros máximos de crescimento, a saber, altura da planta, acumulação de matéria seca, número de nódulos por planta, peso seco dos nódulos, taxa de crescimento da cultura, índice de área foliar, número de ramos secundários por planta com aplicação de 75 % de FTR + lama de prensa + Rhizobium.

Sobre os parâmetros de rendimento

A. Feijão indiano

Desai et al. (2020) registaram um rendimento e atributos de rendimento significativamente máximos do feijão-da-índia sob inoculação de sementes com Rhizobium + PSB em comparação com a não inoculação de sementes.

B. Outras leguminosas

Thomas e Lal (2003) observaram um número máximo de vagens por planta (71,89) no tratamento PSB + CU (Urina de Vaca) seguido pelo tratamento PSB + Rhizobium (69,14) em grama verde.

Karande et al. (2006) verificaram que a aplicação de 75 % FTR + 25 % N através de FYM + PSB + Rhizobium produziu um número significativamente maior de vagens por planta em comparação com 100 % FTR no grão-de-bico.

Mishra et al. (2010) observaram que a aplicação combinada de 100 % de FTR e a inoculação de sementes com Rhizobium + PSB + PGPR melhoraram o rendimento e os atributos de rendimento.

Patel et al. (2010) efectuaram uma experiência sobre o efeito dos fertilizantes orgânicos no rendimento e nos atributos de rendimento do feijão de cacho cv. Pusa Navbahar e verificaram que a aplicação de FYM @ 5 t/ha + cultura de Rhizobium @ 20 ml/kg de semente + PSB @ 20 ml/kg de semente + KSB @ 20 ml/kg de semente registou um número significativamente máximo de cachos por planta, número de vagens por cacho, vagens verdes por planta, vagens verdes por ha e vagens secas por ha do que o resto do tratamento.

Ramana et al. (2011) observaram que a aplicação de 75% de FTR + VAM @ 2 kg/ha + PSB @ 2,5 kg/ha aumentou significativamente o número de cachos por planta, o número de vagens por planta, o número de vagens por cacho, o número de sementes por vagem, o peso de 100 sementes, a produção de vagens por planta e a produção de vagens por hectare.

Khan et al. (2013) estudaram o efeito do vermicomposto e dos biofertilizantes no rendimento e no estado dos nutrientes do solo após a colheita do feijão-frade e registaram que a inoculação das sementes com Rhizobium e PSB aumentou significativamente o rendimento biológico e das sementes.

Tagore et al. (2013) estudaram o efeito dos inoculantes de Rhizobium e PSB no traço simbiótico e no rendimento de genótipos de grão-de-bico e descobriram que Rhizobium + PSB era mais eficaz em termos de parâmetros de rendimento.

Deshmukh et al. (2014) avaliaram diferentes biofertilizantes no crescimento, rendimento e qualidade do feijão de cacho e registaram um número máximo de cachos por planta, número de vagens por planta, rendimento de vagens por planta, rendimento de vagens por parcela e rendimento de vagens por hectare no tratamento Azotobacter + Rhizobium + PSB + VAM.

Reddy et al. (2014) estudaram a gestão integrada de nutrientes no crescimento, atributos de rendimento e caracteres de qualidade no feijão de cacho e observaram que 75 % de FDN através de fertilizantes inorgânicos e 25 % de FDN através de vermicomposto juntamente com biofertilizantes (Rhizobium @ 25 g/kg de semente + PSB @ 5 kg/ha) registaram um rendimento de vagem significativamente máximo (159,58 g/planta).

Sharma et al. (2014) estudaram a resposta do rendimento do feijão frade ao estrume orgânico, vermicomposto e biofertilizantes e os resultados revelaram que o peso máximo da vagem verde (300,05 g/planta), o peso seco da planta (18,74 g) e o número de sementes por vagem (6,08) no tratamento vermicomposto + FYM + Rhizobium + fosfato de rocha do que o resto dos tratamentos.

Anupama et al. (2016) relataram que a aplicação do biofertilizante PSB @ 25 g por kg de semente aumentou o número de cachos por planta, o número de vagens por cacho, o número de sementes por vagem, o rendimento de vagens por planta, por parcela e por hectare de feijão de cacho.

Singh e Kumar (2016) observaram que 75 % de FDN através de fertilizantes inorgânicos e 25 % de FDN através de vermicomposto juntamente com biofertilizantes (Rhizobium 25 g/kg de semente + PSB 5 kg/ha) registaram uma produção de vagens significativamente máxima (159,58 g/planta).

Prajapati et al. (2017) concluíram que a aplicação de 75 % FTR + FYM 5 t/ha + PSB 2 kg/ha + cultura de Rhizobium 3 kg/ha e 75 % FTR + vermicomposto 5 t/ha são a melhor combinação de fertilizante orgânico e inorgânico para aumentar o parâmetro de rendimento do feijão de cacho.

Patel et al. (2018) estudaram o efeito dos fertilizantes orgânicos no rendimento e nos atributos de rendimento do feijão de cacho e registaram o maior número de cacho por planta (13,67), número de vagem por cacho (8,33), vagem verde por planta (0,250 kg) e vagem verde por ha (17880,00 kg) com a aplicação de FYM @ 5 t/ha + cultura Rhizobium @ 20 ml/kg de semente + PSB @ 20 ml/kg de semente + KSB @ 20 ml/kg de semente.

Sharma et al. (2018) encontraram um número máximo de folhas por planta (70,22), número de cachos por planta (11,33), número de vagens por cacho (10,10), número de sementes por vagem (9,77) e rendimento de vagens (76 q/ha) com a aplicação de NPK @ 20:40:40 kg/ha + 10 t/ha de vermicomposto + 200 g de Rhizobium por 10 kg de sementes.

Sharma et al. (2019) observaram atributos de rendimento máximo e rendimento viz., número de vagens por planta, comprimento da vagem, número de sementes por vagem, peso de teste, rendimento de sementes (922,60 kg/ha), rendimento de palha (2496,10 kg/ha) e rendimento biológico (3418,70 kg/ha) com aplicação de 75% RDF + Pressmud + Rhizobium.

Sobre os parâmetros de qualidade

Patel et al. (2010) registaram a máxima absorção de nutrientes e teor de proteínas em 100 % FTR (25 kg N/ha + 50 kg P2O5/ha) + FYM @ 10 t/ha + tratamento de sementes com Rhizobium seguido de 100 % FTR + Vermicomposto @ 2 t/ha + tratamento de sementes com Rhizobium.

Dekhane et al. (2011) revelaram que a inoculação de sementes com Rhizobium registou o teor máximo de proteínas (23,45 %), que foi 6,30 % mais elevado do que sem inoculação e a par da inoculação com PSB e PSB líquido no feijão-frade.

Khandelwal et al. (2012) estudaram o efeito dos biofertilizantes na absorção de nutrientes no feijão-frade e registaram que a inoculação de sementes combinada, ou seja, o tratamento Rhizobium + PSB, suportou uma absorção de azoto significativamente mais elevada (75,29 kg/ha), absorção de fósforo (9,32 kg/ha) e teor de proteínas (26,81 %) em relação aos restantes tratamentos.

Deshmukh et al. (2014) referiram que os parâmetros de qualidade, como o teor de fibras, o comprimento e a largura das vagens, aumentaram significativamente com a aplicação de Azotobacter + Rhizobium + PSB + VAM.

Reddy et al. (2014) aplicaram 75 % de FTR através de fertilizantes inorgânicos e 25 % de FTR através de vermicomposto juntamente com biofertilizantes (Rhizobium @ 25g/kg de semente + PSB @ 5kg/ha) e registaram um teor de fibra bruta significativamente menor (2,18 %) do que o resto do tratamento.

Anupama et al. (2016) relataram que a aplicação do biofertilizante PSB @ 25 g/kg de semente aumentou o comprimento da vagem e o fósforo disponível no solo após colheita. Com a aplicação de Rhizobium, observou-se uma melhoria significativa do teor de proteína bruta nas vagens verdes, bem como do azoto disponível no solo após a colheita.

Patel et al. (2018) encontraram o comprimento máximo da vagem verde (11,68 cm) com a aplicação de FYM @ 5 t / ha + cultura de Rhizobium @ 20 ml / kg de semente + PSB @ 20 ml / kg de semente + KSB @ 20 ml / kg de semente.

Sobre economia

A. Feijão indiano

Champaneri et al. (2020) estudaram a economia da produção de feijão indiano influenciada pela aplicação de novos nutrientes líquidos orgânicos e novos nutrientes líquidos orgânicos e relataram que a variedade Gujarat Navsari Indian Bean 22 (GNIB 22) dá o maior rendimento líquido (?1,05,178/ha) e BCR (1,21) sob 0,5 % de nutrientes líquidos orgânicos Novel Plus.

B. Outras leguminosas

Khandelwal et al. (2013) registaram que a inoculação combinada de sementes com PSB + *Rhizobium* dá significativamente um retorno líquido máximo de ^15030/hectare em relação ao tratamento sem inoculação.

EFEITO DE INTERACÇÃO DAS VARIEDADES E DOS BIOFERTILIZANTES

Sobre os parâmetros de crescimento

Ramana *et al.* (2011) observaram um efeito de interação positivo de biofertilizantes e variedades em Arka Suvidha com 75% de FTR + VAM @ 2 kg/ha + PSB @ 2,5 kg/ha na altura da planta, número de ramos por planta, área foliar e peso de teste da planta.

Sobre os parâmetros de rendimento

Ramana *et al.* (2011) registaram que o efeito de interação entre biofertilizantes e variedades foi significativo em relação ao número de cachos por planta, vagens por planta, vagens por cacho, sementes por vagem, comprimento da vagem, peso de 100 sementes, rendimento de vagens por planta e rendimento de vagens por hectare.

Sobre os parâmetros de qualidade

Patel *et al.* (2013) concluíram que a cultivar Meha teve melhor desempenho quando fertilizada com 100 % de FTR (20:40:0 kg NPK/ha) com dupla inoculação de *Rhizobium* e PSB nas sementes. Esta combinação de tratamento foi mais produtiva e económica, seguida de perto pela combinação de tratamento de 75% RDF com dupla inoculação de *Rhizobium* e PSB e 75% RDF com inoculação de sementes com

PSB indicando uma poupança de 25 % de fertilizante inorgânico através da utilização de dupla inoculação de Rhizobium e PSB ou apenas PSB.

Sobre economia

Os dados de Patel et al. (2013) revelaram que a variedade Meha registou um retorno líquido máximo de ? 75392 /ha, quando fertilizada com 100 % RDF e inoculada com *Rhizobium* + PSB, seguida pela variedade GM 3. A realização líquida de ? 63206 /ha foi observada na variedade GM-3 sob tratamento semelhante com referência a BCR, Meha também registou o valor máximo de 6,18.

III MATERIAL E MÉTODOS

Este capítulo trata dos pormenores do material utilizado, dos métodos seguidos e das técnicas adoptadas durante o trabalho experimental. A experiência intitulada "**Resposta de variedades de feijão indiano** (Lablab purpureus **L.) juntamente com biofertilizantes"** foi conduzida na época da kharif, 2020-21, na College Farm, College of Horticulture, Sardarkrushinagar Dantiwada Agricultural University, Jagudan (Gujarat). Este capítulo aborda, em vários subtítulos, as especificidades dos materiais e técnicas utilizados e executados durante a investigação.

LOCALIZAÇÃO

A experiência de campo foi realizada na College Farm, College of Horticulture, Sardarkrushinagar Dantiwada Agricultural University, Jagudan, distrito de Mehsana, situado a 72° 43' de longitude leste e 23° 50' de latitude norte, a uma altitude de 89,00 metros acima do nível médio do mar. Representa a região agro-climática do Norte de Gujarat (AES - IV). Jagudan situa-se a 10 km de Mehsana e a 60 km de Ahmedabad.

CONDIÇÕES CLIMATÉRICAS E METEOROLÓGICAS

O clima de Jagudan é tipicamente subtropical e caracterizado por condições semi-áridas e áridas, com monções quentes e húmidas, inverno fresco e seco e verão bastante quente e seco. Geralmente, a monção começa em meados de junho e retira-se em meados de setembro. A maior parte da precipitação é recebida da monção do sudoeste, que se concentra nos meses de julho e agosto.

A época de inverno começa no final de outubro e prolonga-se até ao final de fevereiro. A temperatura mínima do ano é geralmente no mês de dezembro ou janeiro. A temperatura começa a subir a partir do final de fevereiro e atinge o máximo no mês de maio. Os meses de abril e maio são os mais quentes da época de verão.

Os dados meteorológicos de dois anos, isto é, 2020 e 2021, relativos à temperatura máxima e mínima, humidade relativa, velocidade do vento e precipitação, referentes ao período desta investigação, registados no Observatório Meteorológico, Centro de Investigação de Especiarias de Sementes, Universidade Agrícola de Sardarkrushinagar Dantiwada, Jagudan, Distrito: Mehsana são apresentados no Quadro 3.1 e representados graficamente na Fig. 3.1.

Tabela 3.1: Parâmetros meteorológicos semanais médios registados durante o período de crescimento da cultura

Meses	Semanas normais	Temperatura (°C)		Humidade relativa (%)	Velocidade do vento (km/h)	Precipitação (mm)
		Máximo.	Min.			
setembro - 2020	36	32.21	25.71	89.88	3.11	66.40
	37	29.36	26.07	86.41	3.55	12.40
	38	34.07	25.43	87.93	4.01	11.20
	39	30.21	26.00	87.31	4.30	134.00
Out. - 2020	40	30.63	24.39	84.05	4.42	57.00
	41	34.51	24.41	69.66	2.34	-
	42	35.07	24.43	68.86	4.17	-
	43	32.10	22.26	62.08	4.29	-
	44	31.79	24.64	74.56	3.71	5.00
Nov. - 2020	45	31.57	23.67	74.71	2.75	-
	46	31.71	22.86	73.89	3.13	-
	47	31.07	21.43	65.68	2.23	-

	48	29.86	21.07	76.94	3.25	-
Dez. - 2020	49	28.19	21.06	68.78	3.78	-
	50	26.77	19.27	73.54	3.13	4.00
	51	25.14	18.13	76.40	3.38	-
	52	25.92	19.78	77.39	3.56	-
Jan. - 2021	1	23.79	16.93	81.50	3.23	-
	2	23.21	13.36	73.48	4.80	-
	3	23.07	12.19	81.95	3.38	-
	4	26.71	15.80	71.05	3.35	-
	5	25.04	14.34	68.04	1.34	-
Fev. - 2021	6	25.91	15.93	60.58	4.33	-

(Fonte: Observatório Meteorológico da Estação de Investigação de Sementes e Especiarias, Universidade Agrícola de Sardarkrushinagar Dantiwada, Jagudan).

CARACTERÍSTICAS DO SOLO

O solo do campo em que a experiência foi efectuada era franco-arenoso, altamente produtivo e com uma composição textural adequada. A análise física e química do solo do campo foi efectuada antes do início da experiência para determinar o estado nutricional do solo. Os resultados obtidos são apresentados no quadro 3.2.

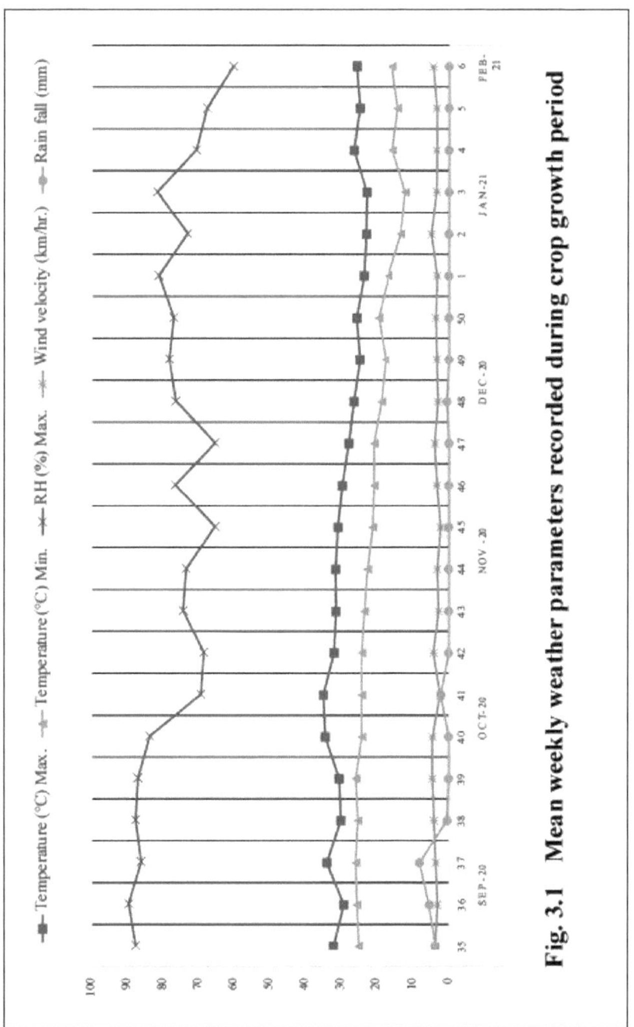

Fig. 3.1 Parâmetros meteorológicos semanais médios registados durante o período de crescimento da cultura

Tabela 3.2: Propriedades físico-químicas do solo experimental

Sr. Não	Caraterísticas		Valor	Método utilizado	Observações
[A]	Físico				
	(a)	Areia (%)	82.24	Método Internacional da Pipeta (Piper, 1950)	Argila arenosa
	(b)	Silte (%)	07.50		

	(c)	Argila (%)	09.50		
[B]	Química				
	(a)	pH do solo (1:2,5, rácio solo: água)	7.40	Medidor de pH de Blackman (Jackson, 1973)	Alcalino
	(b)	Condutividade eléctrica (dS/m) (1:2,5, relação solo: água)	0.17	Método Schofield (Jackson, 1973)	Normal
	(c)	Carbono orgânico (%)	0.25	Método de titulação rápida de Walkley e Black (Jackson, 1973)	Baixa
	(d)	N disponível (Kg ha')^{1}	215.80	Método do permanganato alcalino (Subbiah e Asija, 1956)	Baixa
	(e)	P2O5 disponível (Kg ha')^{1}	37.70	Método de Olsen (Jackson, 1973)	Médio
	(f)	K2O disponível (Kg ha)$^{-1}$	230.45	Método do fotómetro de chama (Jackson, 1973)	Elevado

PORMENORES EXPERIMENTAIS

A experiência foi efectuada em condições de campo na College Farm, College of Horticulture, Sardarkrushinagar Dantiwada Agricultural University, Jagudan (Gujarat).

Detalhes do tratamento:

A experiência foi realizada em blocos aleatórios com um conceito fatorial em que as variedades foram distribuídas na parcela principal e os diferentes biofertilizantes na subparcela.

Fator - IVariedades (v)

v1 - GJIB 2

v2 - GJIB 11

v3 - GNIB 22

v4 - Arka Jay

Fator - IIBiofertilizantes (b)

b1 - Cultura de rizóbios

b2 - PSB (Bactérias solubilizadoras de fosfato)

b3 - Cultura de Rhizobium + PSB

Tabela 3.3: Combinações de tratamento:

Sr. Não.	Detalhes do tratamento	Notação
1	GJ IB 2 tratado com cultura de *Rhizobium*	vibração
2	GJ IB 2 tratado com PSB	V1b2
3	GJ IB 2 tratado com cultura de *Rhizobium* + PSB	Vib3
4	GJ IB 11 tratado com cultura de *Rhizobium*	V2bl
5	GJIB 11 tratado com PSB	V2b2
6	GJ IB 11 tratado com cultura de *Rhizobium* + PSB	V2b3
7	GNIB 22 tratado com cultura de *Rhizobium*	V3bi
8	GNIB 22 tratado com PSB	V3b2

9	GNIB 22 tratado com cultura de *Rhizobium* + PSB	V3b3
10	Arka Jay tratado com cultura de *Rhizobium*	V4b1
11	Arka Jay tratado com PSB	V4b2
12	Arka Jay tratada com cultura de *Rhizobium* + PSB	V4b3

Aplicação do tratamento

As sementes foram tratadas com uma pasta de cultura de Rhizobium e PSB a 25 ml por kg imediatamente antes da sementeira.

Conceção e esquema experimental

A presente experiência foi desenhada num esquema de Bock aleatório com um conceito fatorial com três repetições. O plano de implantação da experiência é apresentado na Fig. 3.2, a preparação da implantação experimental é apresentada na placa I e a vista geral do campo experimental é apresentada na placa II.

Desenho experimental :	Desenho de blocos aleatórios com conceito fatorial
Número de repetições :	3 (Três)
Número de combinações de tratamento :	12 (Doze)
Época :	kharif 2020-21
Época de sementeira :	1st setembro
Variedade :	GJIB 2, GJIB 11, GNIB 22, Arka Jay
Taxa de sementeira :	25 kg/ha
Distância de sementeira :	75 cm X 30 cm
Tamanho da parcela	i) Bruto: 3,75 m^{x} 1,5 m

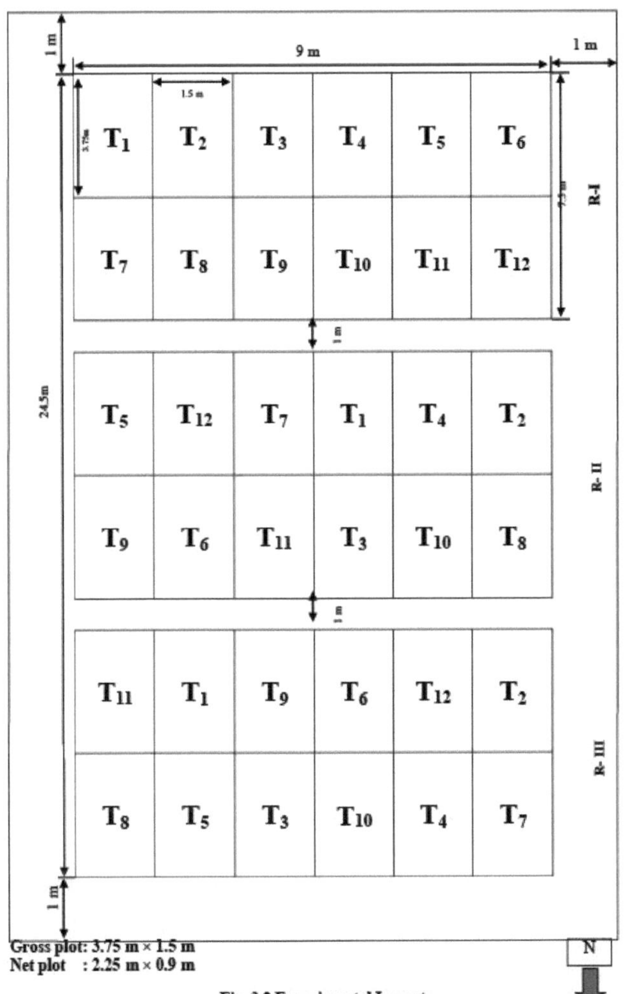

Fig. 3.2 Experimental Layout

Fig. 3.2 Esquema experimental

FOTO I - Preparação do esquema experimental

FOTO II - Vista geral do campo experimental

	ii) Rede: 2,25 m x 0,9 m 25
Número de plantas por parcela bruta	09
Número de plantas por parcela líquida	36
Número de parcelas	220,5 m².
Área experimental Método de irrigação	Irrigação por gotejamento 25:50:00 NPK kg/ha
Dose recomendada de fertilizantes	

Quadro 3.4: Detalhes das variedades

Sr. Não.	Nome da variedade	Fonte	Caraterística
1.	Gujarat Junagadh Feijão indiano 2	VegetaisInvestigação Estação, Junagadh Universidade Agrícola, Junagadh 362001 (Gujarat)	A vagem é plana e de comprimento médio, de cor verde. A planta é semi-espalhada e a flor é de cor branca e o comprimento da inflorescência é maior.
2.	Gujarat Junagadh	VegetaisInvestigação	A vagem é de tamanho longo e de

	Feijão indiano 11	Estação, Junagadh Universidade Agrícola, Junagadh 362 001 (Gujarat)	cor verde. A planta é semi-alastrante e a flor é de cor violácea.
3.	Gujarat Navsari Feijão indiano 22	Mega Seed, Pulses and Castor Research Unit, Navsari Agricultural University, Navsari 396 450 (Gujarat)	A vagem é de tamanho curto e de cor verde suave. A planta é semi-alastrante e a flor é de cor branca.
4.	Arka Jay	Instituto Indiano de Investigação em Horticultura, Hessarghatta Lake Post, Bangalore 560089 (Karnataka)	A vagem é ligeiramente curvada, de comprimento médio e cor verde clara. A planta é anã, arbustiva, erecta e fotoinsensível. A flor é de cor púrpura.

PORMENORES DAS OPERAÇÕES CULTURAIS

Preparação do terreno

O campo experimental foi cultivado duas vezes com a ajuda de um cultivador puxado por um trator em ambas as direcções, seguido de gradagem para quebrar os torrões, plantação e nivelamento. As ervas daninhas e os resíduos foram removidos de modo a obter um campo limpo e nivelado com texturas finas. A dose recomendada de estrume (12 t/ha) foi aplicada uniformemente em toda a área experimental antes do cultivo para ser incorporada uniformemente no solo. O espaçamento de 1,00 m entre as duas repetições permite a observação. Toda a área experimental foi dividida em 36 parcelas, cada uma medindo 3,75 m x 1,5 m. As laterais de gotejamento foram dispostas em 0,5 m de espaçamento, tendo gotejadores de saída com o espaçamento de 0,75 m para a irrigação.

Aplicação de fertilizantes químicos

O azoto e o fósforo foram aplicados através de ureia e superfosfato simples. Metade da dose de azoto e a dose completa de fósforo foram aplicadas na linha do sulco e misturadas no solo como dose basal. A restante meia dose de azoto foi aplicada 30 dias após a sementeira.

Semeadura

As sementes das variedades de feijão indiano GJIB 2, GJIB 11, GNIB 22 e Arka Jay foram semeadas manualmente por dibbling em 1st setembro de 2020 para a colheita de kharif com o espaçamento recomendado, *ou seja, 75* cm x 30 cm.

Cuidados posteriores

A irrigação foi feita diariamente durante uma semana na fase inicial e, mais tarde, o intervalo de irrigação foi alargado para 6 a 7 dias, dependendo das condições de humidade do solo. Cerca de 7 dias após a sementeira, foi efectuado o enchimento de espaços para manter a população de plantas. A monda e a sacha foram feitas a intervalos de 20 dias, por três vezes, para manter as parcelas livres de ervas daninhas. Foram tomadas medidas fitossanitárias atempadas para controlar os insectos-praga e as doenças da cultura do feijão-da-índia durante o período de crescimento, sempre que necessário.

Colheita das vagens

As vagens verdes tenras e imaturas foram colhidas com um intervalo de oito a nove dias, quando atingiram a fase comestível e comercializável. A colheita foi efectuada de manhã cedo, na fase verde tenra.

RECOLHA DE DADOS EXPERIMENTAIS

Seleção das plantas de amostragem

Cinco plantas foram selecionadas aleatoriamente e marcadas. Estas cinco plantas foram utilizadas para registar as observações relativas aos parâmetros de crescimento, floração, rendimento e qualidade durante o período de estudo e o seu valor médio foi considerado para análise e interpretação estatística. O método de registo dos dados relativos às diferentes caraterísticas foi o seguinte.

OBSERVAÇÕES REGISTADAS

PARÂMETROS DE CRESCIMENTO

Dias necessários para 50 % de germinação

Os dias necessários para obter 50 % de germinação em cada tratamento foram registados anotando a data de sementeira e a data de germinação e foram expressos em dias.

Altura da planta aos 60 DAS e na colheita final (cm)

A altura das plantas foi medida em centímetros, desde o nível do solo até à ponta de crescimento, aos 60 dias após a sementeira e na última colheita. A média foi calculada e expressa em centímetros.

Número de ramos por planta

O número de ramos provenientes do tronco principal foi contado na última colheita. Foi calculado o número médio de ramos por planta em cada tratamento na fase de crescimento acima referida.

Dias necessários para a iniciação da flor

O número de dias necessários desde a sementeira da semente até ao início da floração em 50% das plantas foi registado por observações visuais. O valor médio (em dias) para cada tratamento foi calculado.

Dias necessários para a primeira colheita

O número de dias decorridos entre a data da sementeira e a primeira colheita (maturidade comestível) foi registado para calcular os dias necessários para a primeira colheita.

Dias necessários para a última colheita

O número de dias decorridos até à última colheita foi registado desde a data de sementeira até à última colheita e calculou-se o número de dias decorridos até à última colheita (maturidade comestível).

PARÂMETROS DE RENDIMENTO

Número de pods por cluster

O número total de vagens em cada grupo de plantas marcadas foi contado em cada tratamento e calculada a média.

Número de cachos por planta

O número total de cachos foi contado em cada tratamento e a média foi contada desde a primeira colheita até à última colheita.

Número de colheitas

Foi contado o número total de colheitas, desde a primeira até à última.

Rendimento por planta (g)

O peso das vagens das plantas etiquetadas de cada parcela foi medido com a ajuda de uma balança digital e foi somado para todas as colheitas e expresso em gramas. O peso médio de vagem por planta foi calculado.

Rendimento por parcela (kg)

O rendimento por parcela foi registado com uma balança digital durante as diferentes colheitas de cada parcela e o peso da parcela foi registado e a soma de todas as colheitas foi expressa em quilogramas.

Rendimento por hectare (q)

O rendimento de vagens verdes em diferentes colheitas de cada parcela de rede foi convertido numa base hectare e o rendimento total por hectare para cada tratamento foi calculado e expresso em quintais.

PARÂMETROS DE QUALIDADE

Comprimento da vagem (cm)

Foram selecionadas aleatoriamente cinco vagens verdes de cada planta marcada. O comprimento de cada vagem, desde a base até à ponta, foi medido com uma escala de medição e a média foi calculada e expressa em centímetros.

Número de sementes por vagem

Foram colhidas aleatoriamente cinco vagens verdes de cada planta marcada e as sementes foram separadas da vagem, tendo sido contado o número de sementes e calculada a média.

Teor de proteína bruta (%)

O teor de azoto na vagem verde foi estimado utilizando o método de micro Kjeldahl, de acordo com o procedimento sugerido pela associação de colaboração analítica oficial (AOAC, 1995).

O teor de proteínas (%) na vagem verde foi calculado multiplicando o teor de azoto da vagem verde (por cento) pelo fator múltiplo 6,25.

Teor de proteínas brutas (%) = Teor de azoto (%) x 6,25

Número de nódulos radiculares por planta aos 60 DAS e na colheita

As plantas foram retiradas do solo por escavação e as raízes foram lavadas cuidadosamente com água da torneira e, em seguida, o número de nódulos foi contado 60 dias após a sementeira e, por fim, colhido e calculado. (60 dias após a sementeira, foram retiradas duas plantas da área bruta da parcela)

ANÁLISE DO SOLO

Amostras compostas de solo (0-30 cm de profundidade) foram recolhidas do campo experimental antes do início da experiência e analisadas quanto à textura do solo, pH, CE e azoto, fósforo e potássio disponíveis, utilizando procedimentos normalizados. Além disso, foram também recolhidas amostras individuais de solo de cada parcela após a colheita e analisadas quanto ao azoto, fósforo e potássio disponíveis.

FOTO III - Recolha de dados experimentais

ECONOMIA

A realização bruta em termos de rupias (?) por hectare foi calculada tendo em conta o preço de mercado prevalecente do feijão indiano em cada tratamento. O custo de cultivo foi calculado tendo em conta as despesas incorridas com os factores de produção (sementes, estrume, fertilizantes, pesticidas, irrigação, etc.), operações culturais, mão de obra, eletricidade, etc., desde a preparação do terreno até à colheita final de cada tratamento. O custo do cultivo foi deduzido da realização bruta para calcular o lucro **líquido**. O benefício (BCR) foi calculado com base na fórmula a seguir apresentada.

$$B : C\ ratio = \frac{\text{Gross income (₹/ha)}}{\text{Total cost of cultivation (₹/ha)}}$$

ANÁLISE ESTATÍSTICA

Os dados recolhidos para todos os caracteres foram submetidos a uma análise estatística de acordo com o procedimento do projeto de blocos aleatórios com conceito fatorial. O teste 'F' foi usado para testar a significância. O erro padrão da média (S.Em.±) foi calculado em cada caso. Para os efeitos do tratamento que foram considerados **significativos**, foi calculada a diferença crítica (C.D.) a um nível de probabilidade de 5 por cento para comparar os valores médios dos tratamentos. Para verificar a variação dos dados, calculou-se o coeficiente de variação em percentagem para todos os caracteres (Panse e Sukhatme, 1985).

Modelo estatístico: $Y_{ijk} = \mu + R_i + V_j + B_k + (V^x B)_{jk} + E_{ijk}$

Onde,

Y_{ijk} = Resposta de j^{th} variedades e k^{th} biofertilizantes em i^{th} replicação,

μ = Média geral,

R_i = Efeito devido a ith replicação (i = 1, 2, 3... ,.r, r = 3),

V_j = Resposta de j^{th} variedades

(j = 1, 2, 3, 4...z, z = 4),

B_k = Resposta de k^{th} biofertilizantes

(k = 1,2, 3..., k = 3),

$(VxB)_{jk}$ = Efeito de interação de j^{th} variedades e k^{th} **biofertilizantes**

E_{ijk} = Variação não **controlada** (erro experimental) devida a jth variedades e k^{th} biofertilizantes em i^{th} replicação.

ANOVA

Fontes de variação	**d.f.**	**S.S**	**M.S.**	**Quadro "F" valor**	
				5 %	**1 %**
Replicações	(r-1)	SSR	MSR		-
Variedades (V)	(v-1)	SSV	MSV		-
Biofertilizantes (B)	(b-1)	SSB	MSB		-
Interação (VxB)	(v-l)(b-l)	SSVB	MSVB		-
Erro	(r-1) (vb-1)	SSE	MSE		-
Total	n-1	SST	-	-	-

Os erros padrão apropriados (S.Em.±) foram calculados em cada caso e a diferença crítica (C.D.) ao nível de 5 por cento foi calculada para comparar a média dos dois tratamentos sempre que os efeitos do tratamento foram considerados significativos.

Os valores S.Em.± e C.D. foram calculados utilizando as seguintes fórmulas

C. D. for (varieties)= S.Em. $\times\sqrt{2}\times$ Table 't' value at 5% level and error d.f.

S.Em ± for V = $\frac{\sqrt{E.M.S.}}{r\times b}$

C.D. for (biofertilizers)= S.Em. $\times\sqrt{2}\times$ Table 't' value at 5% level and error d.f.

S.Em ± for B = $\frac{\sqrt{E.M.S.}}{r\times v}$

C.D. for interaction (V×B)= S.Em. $\times\sqrt{2}\times$ Table 't' value at 5% level and error d.f.

S.Em ± for V×B = $\frac{\sqrt{E.M.S.}}{r}$

Coeficiente de variação: Indica a percentagem de variação das observações/dados. É calculado utilizando a seguinte fórmula.

$$CV\,\% = \frac{\sqrt{E.M.S.}}{Mean} \times 100$$

Onde,
S.Em. = Erro padrão da média
C.D. = Diferença crítica E.M.S. = Erro quadrático médio C.V. = Coeficiente de variação r = Número de repetições

IV RESULTADOS E DISCUSSÃO

A experiência de campo intitulada **Resposta de variedades de feijão indiano** (Lablab purpureus **L.) juntamente com biofertilizantes** foi realizada na quinta da faculdade, Faculdade de Horticultura, Universidade Agrícola de Sardarkrushinagar Dantiwada, Jagudan (Gujarat) durante a época de kharif 2020-21 é aqui apresentada.

Os dados relativos a vários atributos de crescimento, rendimento e qualidade foram sistematicamente tabulados e depois foram submetidos a uma análise estatística para interpretação. Os resultados são descritos de forma concisa neste capítulo, juntamente com os dados em quadros relativos. Os pormenores da análise estatística são apresentados nos Apêndices A a R para referência. Os resultados são também representados graficamente, sempre que necessário para uma melhor compreensão, e discutidos de acordo com as suas caraterísticas nas seguintes sub-rubricas.

Resposta das variedades e dos biofertilizantes aos parâmetros de crescimento

Resposta das variedades e dos biofertilizantes aos parâmetros de rendimento

Resposta das variedades e dos biofertilizantes aos parâmetros de qualidade

Resposta das variedades e dos biofertilizantes em termos económicos

RESPOSTA DAS VARIEDADES E DOS BIOFERTILIZANTES NOS PARÂMETROS DE CRESCIMENTO

As observações sobre os diferentes caracteres morfológicos, tais como os dias necessários para 50% de germinação, a altura da planta, o número de ramos por planta, os dias necessários para a iniciação da flor, os dias necessários para a primeira colheita e os dias necessários para a última colheita foram registados e analisados para avaliar os diferentes tratamentos.

Nos dias necessários para 50% de germinação

O efeito de diferentes variedades, biofertilizantes e a sua interação nos dias necessários para 50% de germinação são apresentados no Quadro 4.1 e ilustrados graficamente na Fig. 4.1. Os dados mostram que a resposta das variedades foi considerada significativa, mas os biofertilizantes e a sua interação com as variedades foram considerados não significativos e a análise de variância é apresentada no Apêndice A.

Os resultados mostraram que as diferentes variedades exerceram uma influência significativa nos dias necessários para 50% de germinação. Foi observado um mínimo significativo de dias para a germinação (4,00) na variedade GJIB 11 (v2), que foi estatisticamente igual à variedade Arka Jay (v4). Um máximo significativo de dias para a germinação (4,67) foi registado na variedade GNIB 22 (v3).

A diferença significativa em relação aos dias necessários para a germinação foi observada devido às caraterísticas genéticas das variedades. Estes resultados estão em conformidade com as conclusões de Pawar et al. (2016) e Karnan et al. (2012) em feijão-frade, Singh (2000) e Anupama et al. (2016) em feijão-caupi.

Table 1: : Resposta das variedades e dos biofertilizantes aos dias de colheita de 50%. germinação

Variedades (v)	Biofertilizantes (b)			Média
	Rhizobium (bi)	PSB (b)2	*lUuzohium* + PSB (b3)	
GJIB 2 (vi)	4.33	4.33	4.67	4.44
GJIB 11 (v)2	4.00	4.00	4.00	4.00

GNIB 22 (v)$_3$	4.33	4.67	5.00	4.67
Arka Jay (V4)	4.33	4.67	4.00	4.33
Média	4.25	4.42	4.42	
	Variedades (v]	**1Biofertilizantes**	**(b) Interação (v x b)**	
S.Em.±	0.15	0.13	0.26	
C. D. a 5%	0.43	NS	NS	
C. V. %	10.50			

Na altura da planta (cm)

Os dados sobre a observação periódica da altura da planta (cm) do feijão indiano, medida aos 60 dias após a sementeira (DAS) e na última colheita, influenciada pelas sementes de diferentes variedades tratadas com biofertilizantes e a sua interação, são apresentados no Quadro 4.2 e no Quadro 4.3 e representados graficamente na Fig. 4.2. A análise de variância para a altura da planta é apresentada nos Apêndices B e C.

Na altura das plantas aos 60 dias após a sementeira

O efeito de diferentes variedades, biofertilizantes e a sua interação na altura da planta aos 60 dias após a sementeira são apresentados no Quadro 4.2 e ilustrados graficamente na Fig. 4.2. Os dados mostram que a resposta das variedades e dos biofertilizantes foi significativa, mas a interação não foi significativa no que diz respeito à altura da planta aos 60 dias após a sementeira.

Os dados relativos ao efeito das variedades na altura das plantas aos 60 dias após a sementeira foram significativamente afectados pelas variedades. A altura máxima da planta aos 60 dias após a sementeira (114,68 cm) foi registada na variedade GJIB 11 (v_2), enquanto que a altura mínima da planta (27,60 cm) foi registada na variedade GNIB 22 (v_3).

A altura da planta aos 60 dias após a sementeira foi significativamente influenciada pelos diferentes biofertilizantes. A altura máxima da planta aos 60 dias após a sementeira (76,41 cm) foi observada

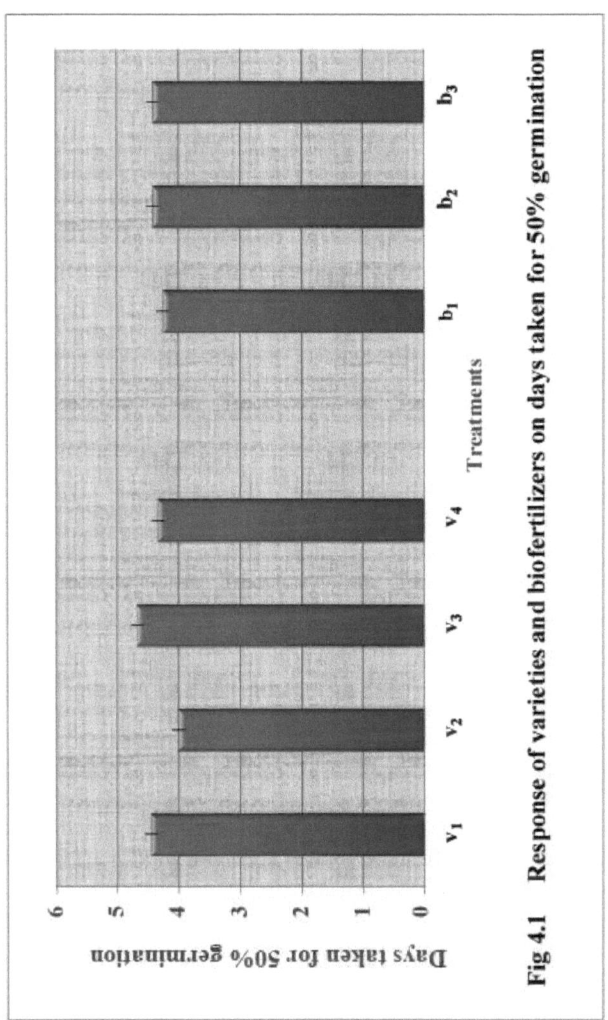

Fig 4.1 Response of varieties and biofertilizers on days taken for 50% germination

Fig 4.1 Resposta das variedades e dos biofertilizantes nos dias necessários para 50% de germinação

com Rhizobium + PSB (b3). No entanto, a altura mínima da planta (70,07 cm) foi observada com PSB (b2).

A variedade GJIB 11 (v2) registou significativamente a altura máxima da planta aos 60 DAS, enquanto que a variedade GNIB 22 (v3) registou a altura mínima. Isto pode dever-se à variabilidade genética das variedades. Este tipo de diferença varietal também foi registado por Ananth e Kumar (2018), Ro et al. (2019), Champaneri et al. (2020) e Desai et al. (2020) no feijão indiano.

A altura máxima das plantas foi registada com Rhizobium + PSB aos 60 dias após a sementeira, o que foi estatisticamente igual ao Rhizobium (b1). Os biofertilizantes podem fixar o azoto atmosférico, converter os nutrientes da forma insolúvel para a solúvel, eliminar o fósforo do solo, ajudar no processo de mineralização e melhorar o rendimento em 10-20% (Roychowdhury et al., 2014). Pode ser devido à biossíntese de substâncias promotoras de crescimento como a vitamina B12 e a auxina (Patel et al. 2018). Esses resultados estão em estreita conformidade com as descobertas de Champaneri et al. (2020) em feijão indiano, Chandran (2005), Anupama et al. (2016) e Prajapati et al. (2017) em clusterbean.

Table 2: : Resposta das variedades e dos biofertilizantes na altura das plantas aos 60 dias após sementeira

Variedades (v)	Biofertilizantes (b)			Média
	Rhizobium (bi)	PSB (b)2	*mhizobium* + PSB (b3)	
GJffi 2 (vi)	110.78	100.20	111.69	107.56
GJffi 11 (v)2	116.20	110.19	117.66	114.68
GNIB 22 (v)3	27.62	26.48	28.70	27.60
Arka Jay (V4)	44.07	43.41	47.58	45.02
Média	74.67	70.07	76.41	
	Variedades (v)	**Biofertilidade izers(b)**		**Interação (v x b)**
S.Em.±	1.94	1.68		3.36
C. D. a 5%	5.52	4.78		NS
C. V. %	7.89			

Na altura da planta na colheita final

O efeito de diferentes variedades, biofertilizantes e a sua interação na altura da planta na colheita final são apresentados no Quadro 4.3 e ilustrados graficamente na Fig. 4.2. Os dados mostram que a resposta das variedades e dos biofertilizantes foi significativa, mas a sua interação não foi significativa no que diz respeito à altura da planta na colheita final.

Os dados revelaram que as diferentes variedades influenciaram significativamente a altura da planta na colheita final. A altura máxima da planta na última colheita (166,02 cm) foi significativamente observada na variedade GJIB 11 (v4), enquanto a altura mínima da planta (38,41 cm) foi registada na variedade GNIB 22 (v3).

Os dados indicam que os biofertilizantes afectaram significativamente a altura da planta na colheita final. A altura máxima da planta na última colheita (109,93 cm) foi significativamente observada no tratamento Rhizobium + PSB (b3), enquanto a altura mínima da planta (100,64 cm) foi registada no tratamento PSB (b2).

A altura máxima da planta na colheita final foi registada com a variedade GJIB 11 (v2). Este facto pode ser atribuído ao hábito de crescimento rápido desta variedade, que aumentou continuamente a sua altura. O comportamento diferencial entre as variedades pode ser explicado apenas pela variação na sua composição genética e pelo seu comportamento diferencial em diferentes condições climáticas. Estes resultados estão em conformidade com as conclusões de Ananth e Kumar (2018) e Champaneri et al. (2020) no feijão-da-índia, Futuless et al. (2010), Amin et al. (2014) e Pawar et al. (2016) no feijão-frade.

A altura da planta aumentou devido aos biofertilizantes em cada fase sucessiva do crescimento da planta. A altura máxima das plantas foi registada com Rhizobium + PSB na colheita final após a sementeira, o que foi estatisticamente igual ao Rhizobium (b1). Rhizobium +

PSB ajuda a aumentar o número de nódulos por planta, converte nutrientes da forma insolúvel para a solúvel, elimina o fósforo do solo, o aumento da nodulação implica uma maior fixação simbiótica do N atmosférico, o que também ajuda na divisão celular e na extensão da raiz, o que acaba por resultar num crescimento vigoroso da planta (Prasad et al. (2013) em feijão-frade). Resultados semelhantes também foram relatados por Desai et al. (2020) em feijão indiano, Choudhary et al. (2017) em grama preta, Ramana et al. (2011) em feijão francês.

Tabela 4.3: **Resposta das variedades e biofertilizantes na altura da planta na colheita final**

Variedades (v)	**Biofertilizantes (b)**			**Média**
	Rhizobium (bi)	PSB (b)2	*Uhi+obisB* + PSB (b3)	
GJffi 2 (vi)	160.30	144.80	161.63	155.58
GJffi 11 (v)2	168.24	159.43	170.38	166.02
GNIB 22 (v)3	38.44	36.77	40.02	38.41
Arka Jay (V4)	62.53	61.57	67.68	63.93
Média	107.38	100.64	109.93	

	Variedades (v	**Biofertilizantes (b)**	**Interação (v x b)**
S.Em.±	2.84	2.46	4.92
C. D. a 5%	8.09	7.01	NS
C. V. %	8.04		

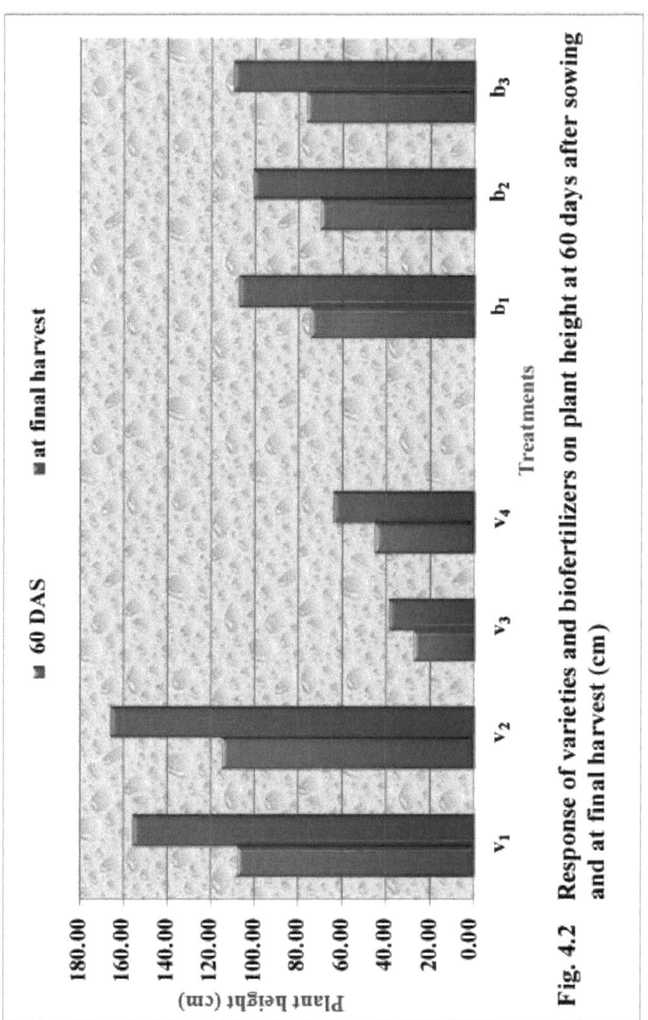

Fig. 4.2 Response of varieties and biofertilizers on plant height at 60 days after sowing and at final harvest (cm)

Fig. 4.2 Resposta das variedades e dos biofertilizantes na altura das plantas aos 60 dias após a sementeira e na colheita final (cm)

No número de ramos por planta

Os dados sobre o número de ramos por planta influenciados pelas variedades, biofertilizantes e interação são apresentados no Quadro 4.4 e ilustrados graficamente na Fig. 4.3. O resultado foi significativamente influenciado por diferentes variedades e biofertilizantes, enquanto a interação de variedades e biofertilizantes não foi significativa e a análise de variância é apresentada no Apêndice D.

As diferentes variedades apresentaram diferenças significativas no número de ramos por planta. O número máximo de ramos por planta (28,29) foi registado na variedade GJIB 11 (v_2), que foi estatisticamente igual à variedade GJIB 2 (v_1). Enquanto que o número mínimo de ramos (13,71) foi registado na variedade GNIB 22 (v_3).

A leitura dos dados no Quadro 4.4 revelou a influência significativa dos biofertilizantes no número de ramos por planta. O tratamento Rhizobium + PSB (b_3) produziu significativamente o número máximo de ramos por planta (23,97), que foi estatisticamente igual ao tratamento Rhizobium (b_1), enquanto o número mínimo de ramos (21,87) foi registado com o tratamento PSB (b_2).

A variação no número de ramos das diferentes variedades pode ser atribuída ao seu comportamento genético. Este tipo de diferença varietal também foi registado por Ananth e Kumar (2018) e Champaneri et al. (2020) no feijão-da-índia, Futuless et al. (2010) no feijão-frade, Anupama et al. (2016) no feijão-caupi.

Table 4: : Resposta das variedades e dos biofertilizantes ao número de ramos por fábrica

Variedades (v)	Biofertilizantes (b)			Média
	Rhizobium (bi)	PSB (b)2	*Rhizunium* + PSB (b3)	
GJffi 2 (vi)	27.87	26.67	27.93	27.49
GJffi 11 (v)2	28.27	27.33	29.27	28.29
GNIB 22 (v)3	13.40	12.80	14.93	13.71
Arka Jay (V4)	21.40	20.67	23.73	21.93
Média	22.73	21.87	23.97	
	Variedades (v	1 **Biofertilizantes (b) Interação (v x b)**		
S.Em.±	0.617	0.5341 .069		
C. D. a 5%	1.76	1. 52NS		
C. V. %	8.09			

Isso se deve ao fato de que a inoculação de Rhizobium + PSB pode ser atribuída ao aumento da nodulação implica maior fixação simbiótica de nitrogênio atmosférico, conversão de fósforo indisponível em formas disponíveis, particularmente durante a fase inicial de crescimento da cultura, o que teria ajudado na absorção de todos os nutrientes maiores e menores necessários para a planta apresentar vigor precoce na fase vegetativa e ajuda a aumentar o número de ramos por planta (Prasad et al. (2013) em feijão-caupi). Resultados semelhantes foram também obtidos por Dekhane et al. (2011), Madhavan et al. (2012), Prasad et al. (2013) e Nadeem et al. (2018) em feijão-frade, Choudhary et al. (2014) e Anupama et al. (2016) em feijão-caupi, Ramana et al. (2011) em feijão-frade e Patel et al. (2013) em grama verde.

Nos dias necessários para o início da floração

Os resultados sobre os dias necessários para a iniciação da flor são apresentados no Quadro 4.5 e representados graficamente na Fig. 4.4. Os dados apresentados foram significativamente influenciados pelas diferentes variedades, enquanto que o efeito dos biofertilizantes e a sua interação com as variedades foram considerados não significativos e a análise da variância é apresentada no Apêndice E.

Os dados apresentados na tabela indicam que os dias necessários para o início da floração diferem significativamente para todas as variedades. O mínimo de dias para a iniciação da flor (41,53) foi observado na variedade GNIB 22 (v_3), que foi estatisticamente igual à variedade Arka Jay (v_4), ou seja, 43,40. O máximo de dias para a iniciação da flor (73,27) foi registado pela variedade GJIB 11 (v2).

A variedade GNIB 22 requer um mínimo de dias para o início da floração, enquanto que a variedade GJIB 11 requer um máximo. A diferença significativa em relação aos dias necessários para o início da floração foi observada devido às caraterísticas genéticas das variedades. Estes resultados estão em conformidade com as conclusões de Dewangan et al. (2018) sobre o feijão-da-índia, Singh (2000), Anupama et al. (2016) e Reddy et al. (2017) sobre o feijão-caupi.

Table 5: : Resposta das variedades e dos biofertilizantes em relação aos dias necessários para o início do flor

Variedades (v)	Biofertilizantes (b)			Média
	Rhizobium (bi)	PSB (b)2	*Uhi+obiuB* + PSB (Ƅ3)	
GJ IB 2 (vi)	68.13	69.74	67.73	68.54
GJffi 11 (v)2	73.13	73.60	73.07	73.27
GNffi 22 (v)3	42.53	43.47	38.60	41.53
Arka Jay (V4)	44.27	44.00	41.93	43.40
Média	57.02	57.70	55.33	
	Variedades (v]	**1Biofertilizantes**	**(b) Interação (v x b)**	
S.Em.±	0.83		0.721 .44	
C. D. a 5%	2.38	NS	NS	
C. V. %		4.42		

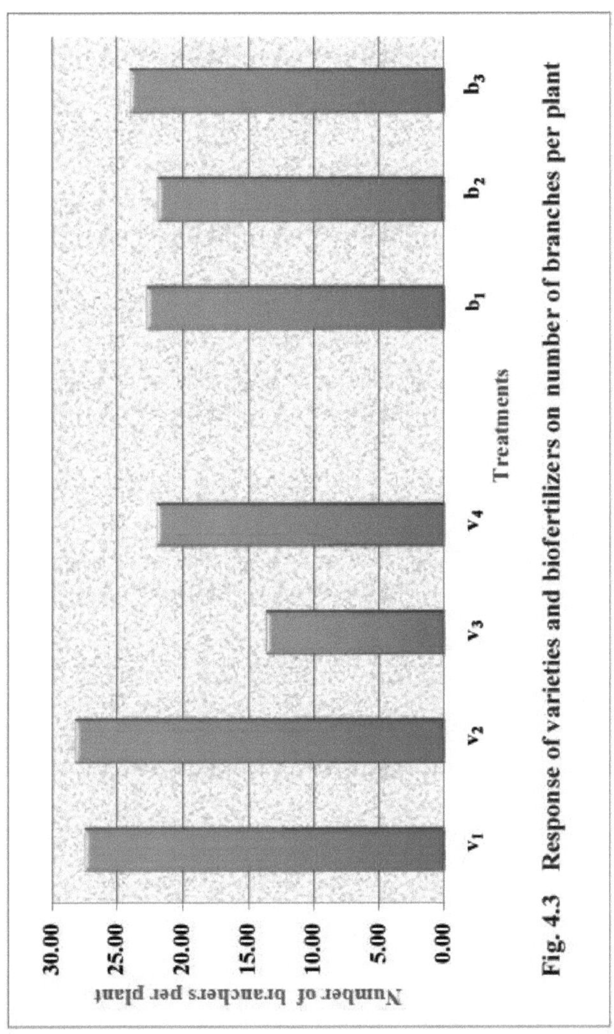

Fig. 4.3 Response of varieties and biofertilizers on number of branches per plant

Fig. 4.3 Resposta das variedades e dos biofertilizantes ao número de ramos por planta

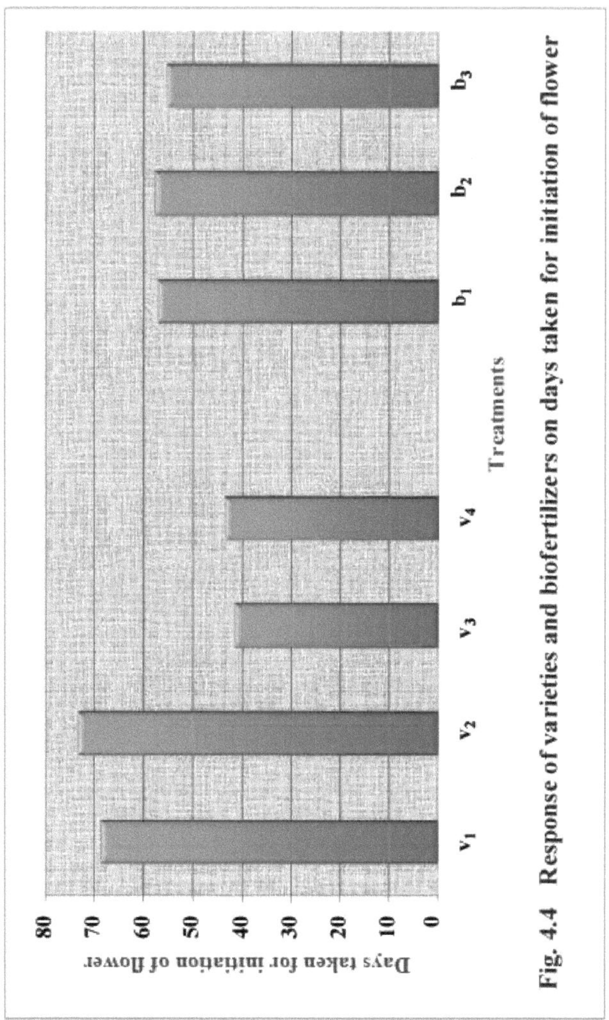

Fig. 4.4 Response of varieties and biofertilizers on days taken for initiation of flower

Fig. 4.4 Resposta das variedades e dos biofertilizantes em relação aos dias necessários para o início da floração

Nos dias da primeira colheita

Os resultados sobre os dias necessários para a primeira colheita são apresentados no Quadro 4.6 e representados graficamente na Fig. 4.5. Os dados mostraram que o efeito das variedades teve uma influência significativa, mas os biofertilizantes e a sua interação com as variedades foram considerados não significativos e a análise de variância é apresentada no Apêndice F.

A observação atenta dos dados mostrou que a diferença entre as variedades no que diz respeito aos dias de colheita foi significativa. O número mínimo de dias para a primeira colheita (74,91) foi observado na variedade GNIB 22 (v_3), que estava a par da variedade Arka

Jay (v4), ou seja, 76,93. O número máximo de dias para a primeira colheita (99,40) foi registado na variedade GJIB 11 (v2).

Table 6: : Resposta das variedades e dos biofertilizantes aos dias da primeira colheita

Variedades (v)	Biofertilizantes (b)			Média
	Rhizobium (bi)	PSB (b)2	*Uhi+obiiiB* + PSB (b3)	
GJffi 2 (vi)	97.27	97.87	101.07	98.73
GJffi 11 (v)2	97.74	99.40	101.07	99.40
GNIB 22 (v)3	77.53	72.40	74.80	74.91
Arka Jay (V4)	77.67	76.33	76.80	76.93
Média	87.55	86.50	88.43	
	Variedades (v	1 **Biofertilizantes (b) Interação (v x b)**		
S.Em.±	1.07	0.931 .86		
C. D. a 5%	3.06	NSNS		
C. V. %	3.68			

A variação nos dias necessários para a primeira colheita com diferentes variedades pode ser atribuída à sua configuração genética inerente e/ou à sua adaptabilidade ao clima e às condições do solo desta região. Esse tipo de diferença varietal também foi relatado por Singh et al. (2011), Dewangan et al. (2018), Ro et al. (2019) e Champaneri et al. (2020) no feijão-da-índia, Singh (2000) e Anupama et al. (2016) no feijão-caupi, Pandey et al. (2006), Khan et al. (2012) e Amin et al. (2014) no feijão-caupi.

Nos dias da última colheita

Os resultados sobre os dias necessários para a última colheita são apresentados no Quadro 4.7 e representados graficamente na Fig. 4.6. Os dados mostraram que o efeito das variedades teve uma influência significativa, mas os biofertilizantes e a sua interação com as variedades não foi significativa e a análise da variância é apresentada no Apêndice G.

A observação atenta dos dados mostrou que a diferença entre as diferentes variedades no que respeita aos dias passados na última colheita foi significativa. A variedade GNIB 22 (v3) registou um mínimo significativo de dias para a última colheita (139,89). A variedade GJIB 11 (v2) obteve o máximo de dias para a última colheita (155,56).

A variação nos dias necessários para a última colheita sob diferentes variedades atribui-se à sua configuração genética inerente e à sua adaptabilidade ao clima e às condições do solo desta região. Este tipo de diferença varietal também foi registado por Dewangan et al. (2018) no feijão-da-índia, Pandey et al. (2006), Khan et al. (2012) e Pawar et al. (2016) no feijão-frade.

Quadro 4.7: Resposta das variedades e dos biofertilizantes em relação aos dias necessários para a última colheita

Variedades (v)	Biofertilizantes (b)			Média
	Rhizobium (bi)	PSB (b)2	*RJuzobium* + PSB (b3)	
GJffi 2 (vi)	152.67	151.00	149.33	151.00
GJffi 11 (v)2	155.33	156.00	155.33	155.56
GNffi 22 (v)3	139.33	141.00	139.33	139.89
Arka Jay (v4)	148.00	146.00	148.67	147.56
Média	148.83	148.50	148.17	

	Variedades (v]	i Biofertilizantes (b) Interação (v x b)	
S.Em.±	2.00		1.733 .46
C. D. a 5%	5.68	NS	NS
C. V. %		4.03	

RESPOSTA DAS VARIEDADES E DOS BIOFERTILIZANTES AOS PARÂMETROS DE RENDIMENTO

As observações sobre os parâmetros de rendimento, tais como o número de vagens por cacho, o número de cacho por planta, o número de colheitas, o rendimento por planta (g), o rendimento por parcela (kg) e o rendimento por hectare (q) foram registados e analisados para avaliar os diferentes tratamentos. Os resultados e a discussão de cada carácter sob a influência de vários tratamentos são apresentados a seguir.

Sobre o número de pods por cluster

O efeito de diferentes variedades e biofertilizantes e a sua interação no número de vagens por cacho foi registado e apresentado no Quadro 4.8 e representado graficamente na Fig. 4.7. Os dados mostram que o efeito das variedades foi considerado significativo, mas os biofertilizantes e a sua interação com as variedades foram considerados não significativos e a análise de variância é apresentada no Apêndice H.

Os dados revelaram que as diferentes variedades exerceram uma influência significativa no número de vagens por cacho. O número máximo de vagens por cacho (6,73) foi significativamente

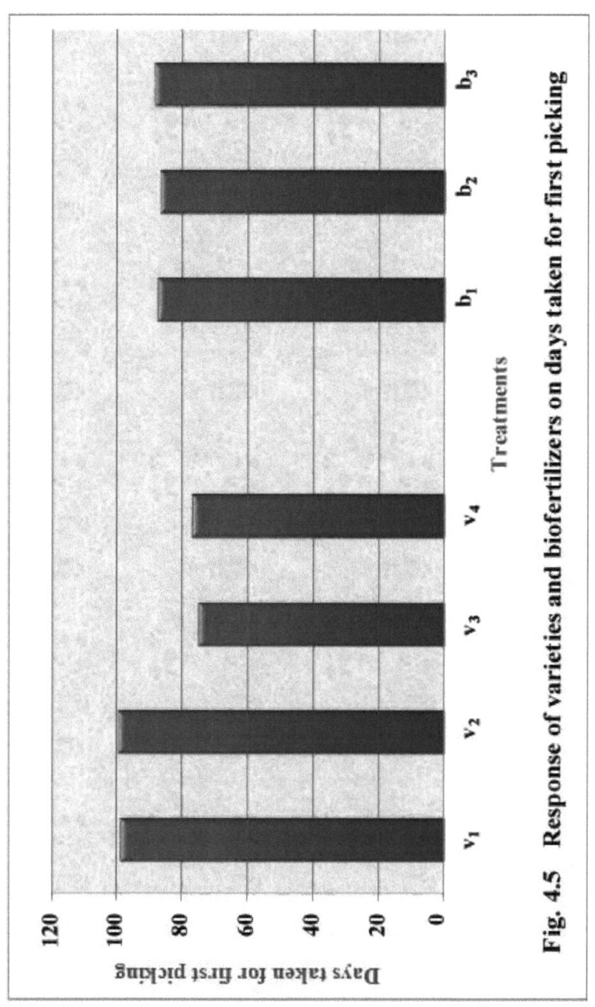

Fig. 4.5 Response of varieties and biofertilizers on days taken for first picking

Fig. 4.5 Resposta das variedades e dos biofertilizantes aos dias de colheita

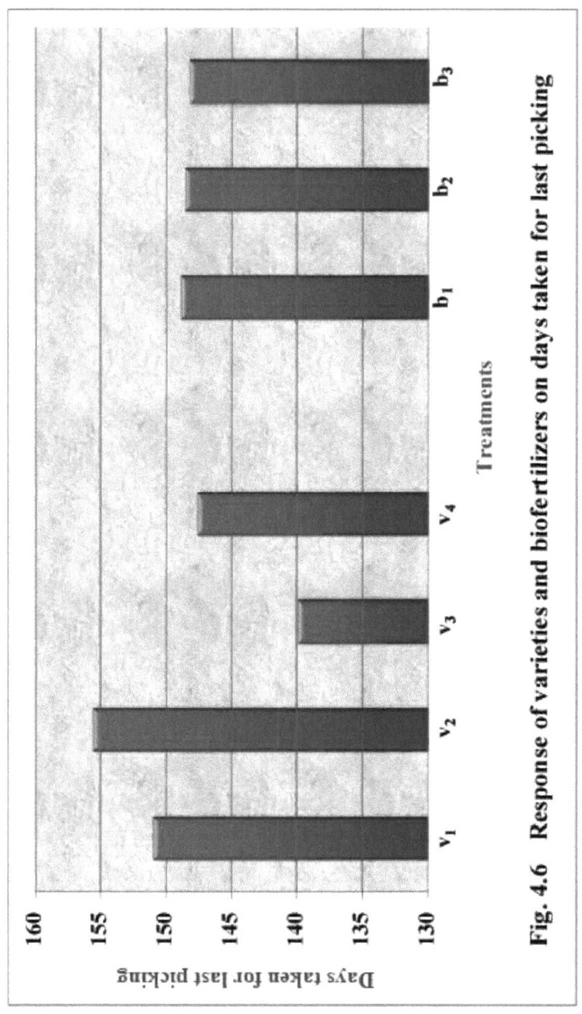

Fig. 4.6 Resposta das variedades e dos biofertilizantes aos dias da última colheita

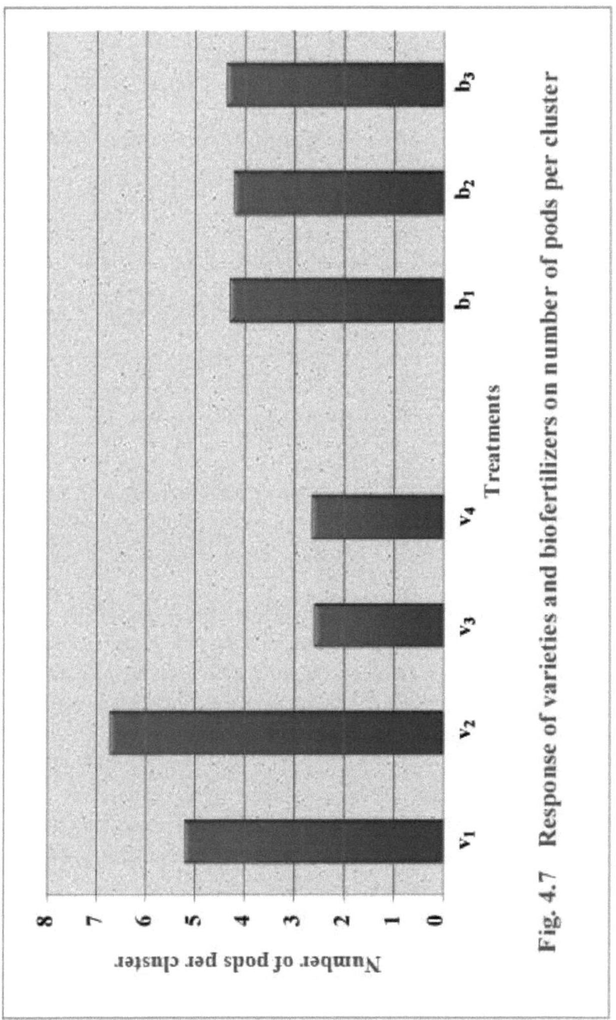

Fig. 4.7 Resposta das variedades e dos biofertilizantes no número de vagens por cacho

registada na variedade GJIB 11 (v_2). Enquanto que o número mínimo de vagens por cacho (2,60) foi registado na variedade GNIB 22 (v_3).

A variedade GJIB 11 (v_2) foi significativamente superior às outras variedades no que diz respeito ao número de vagens por cacho, uma vez que se trata de um carácter varietal. A diferença no número de vagens por cacho de várias variáveis pode ser devida à sua configuração genética inerente e à adequação das condições climáticas e do solo desta região. Estes resultados estão em consonância com os resultados comunicados por Singh et al. (2011) em feijão indiano, Singh (2000), Anupama et al. (2016) e Reddy et al. (2017) em feijão de cacho e Ramana et al. (2011) em feijão francês.

Tabela 4.8: Resposta de variedades e biofertilizantes no número de vagens por cacho

Variedades (v)	Biofertilizantes (b)			Média
	Rhizobium (bi)	PSB (b)2	*Uhi+obisB* + PSB (b3)	
GJffi 2 (vi)	5.20	5.13	5.27	5.20
GJffi 11 (v)2	6.73	6.67	6.80	6.73
GNIB 22 (v)3	2.60	2.53	2.67	2.60
Arka Jay (V4)	2.67	2.53	2.73	2.64
Média	4.30	4.22	4.37	
	Variedades (v	1 **Biofertilizantes (b)**	**Interação (v x b)**	
S.Em.±	0.12	0.11	0.22	
C. D. a 5%	0.36	NS	NS	
C. V. %	8.76			

No número de cachos por planta

Os dados apresentados no Quadro 4.9 e ilustrados graficamente na Fig. 4.8 revelaram que o número de cachos por planta foi significativamente influenciado por diferentes variedades e biofertilizantes, mas a sua interação foi considerada não significativa e a análise de variância é apresentada no Apêndice I.

As diferentes variedades exerceram influência significativa no número de cachos por planta. O número máximo de cachos por planta (25,44) foi observado na variedade GNIB 22 (v3) e o mínimo foi registado na variedade GJIB 2 (v1) e GJIB 11 (v2), ou seja, 13,33.

Os dados apresentados na Tabela 4.9 mostram que houve diferença estatisticamente significativa entre os biofertilizantes no número de cachos por planta. Um número máximo significativo de cachos por planta (18,39) foi observado com o tratamento b3 (Rhizobium + PSB), enquanto o mínimo foi observado com o tratamento b2 (PSB), ou seja, 16,91.

A GNIB 22 (v3) registou resultados significativamente superiores aos das outras variedades. A variação em várias variáveis pode ser atribuída à sua caraterística inerente. Esse tipo de diferença varietal também foi relatado por Singh et al. (2011) e Ro et al. (2019) em feijão indiano, Singh (2000) e Anupama et al. (2016) em feijão de cacho, Ramana et al. (2011) em feijão francês e Amin et al. (20 1[32] 4) em feijão-caupi.

Foi registado um número significativamente mais elevado de cachos por planta no tratamento Rhizobium + PSB (b3). Isto pode dever-se ao facto de a inoculação das sementes com Rhizobium + PSB aumentar a fixação do azoto e converter o fósforo insolúvel na forma disponível. A maior disponibilidade de P aumenta a taxa de fotossíntese e, consequentemente, leva a um melhor número de cachos por planta (Patel et al. (2013) em greengram). Esta constatação corrobora as conclusões de Deshmukh et al. (2014), Anupama et al. (2016) e Patel e Kumari (2018) sobre o feijão-caupi, Ramana et al. (2011) e Thakur et al. (2018) sobre o feijão-frade.

Tabela 4.9: Resposta de variedades e biofertilizantes no número de cachos por planta

Variedades (v)	Biofertilizantes (b)			Média
	Rhizobium (bi)	PSB (b)2	*Uhi+oPuB* + PSB (b3)	
GJffi 2 (vi)	13.33	12.60	14.07	13.33
GJffi 11 (v)2	13.27	12.67	14.07	13.33

GNIB 22 (v)3	25.67	24.50	26.17	25.44
Arka Jay (V4)	18.50	17.87	19.27	18.54
Média	17.69	16.91	18.39	
	Variedades (v	1 **Biofertilizantes (b) Interação (v x b)**		
S.Em.±	0.42	0. 360.72		
C. D. a 5%	1.19	1. 03NS		
C. V. %		7.07		

Sobre o número de colheitas

Os dados apresentados no Quadro 4.10 e ilustrados graficamente na Fig. 4.9 revelaram que o número de colheitas foi significativamente influenciado pelas diferentes variedades, mas os biofertilizantes e a sua interação com as variedades foram considerados não significativos para o número de colheitas e a análise de variância é apresentada no Apêndice J.

Os dados indicam que as diferentes variedades exerceram uma influência significativa no número de colheitas. A variedade GNIB 22 (v3) registou o número máximo de colheitas (9,11) em relação às outras variedades. No entanto, o número mínimo de colheitas (5,56) foi registado com a variedade GJIB 11 (v2).

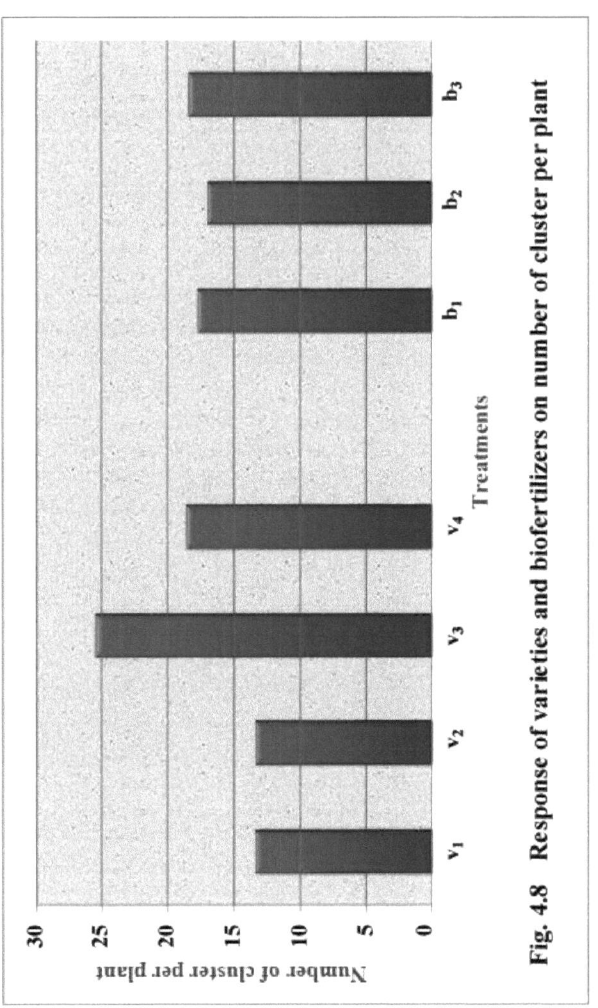

Fig. 4.8 Response of varieties and biofertilizers on number of cluster per plant

Fig. 4.8 Resposta de variedades e biofertilizantes no número de cachos por planta

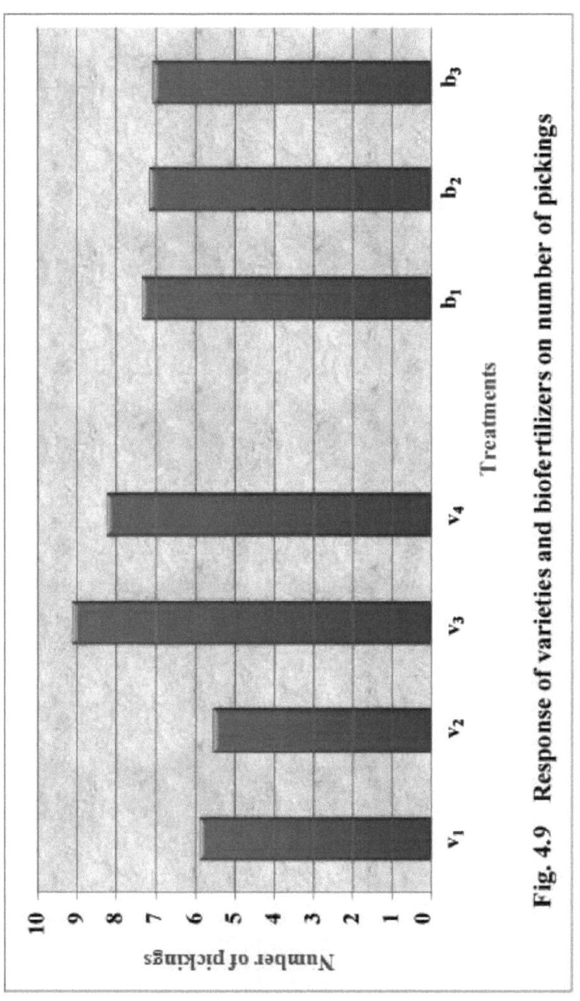

Fig. 4.9 Resposta das variedades e dos biofertilizantes no número de colheitas

Quadro 4.10: Resposta das variedades e dos biofertilizantes no número de colheitas

Variedades (v)	Biofertilizantes (b)			Média
	Rhizobium (bi)	PSB (b)2	*Uhi+oPiuB* + PSB (b3)	
GJffi 2 (vi)	6.33	5.67	5.67	5.89
GJffi 11 (v)2	5.67	6.00	5.00	5.56
GNIB 22 (v)3	9.33	9.00	9.00	9.11
Arka Jay (V4)	8.00	8.00	8.67	8.22
Média	7.33	7.17	7.08	

	Variedades (v	1 Biofertilizantes (b) Interação (v x b)
S.Em.±	0.26	0. 220.45
C. D. a 5%	0.74	NS NS
C. V. %	10.80	

A GNIB 22 (v3) foi considerada significativamente superior às outras variedades. A variação em várias variáveis pode ser atribuída à sua caraterística genética. Esse tipo de diferença varietal também foi relatado por Dewangan et al. (2018) no feijão-da-índia, Singh (2000) e Anupama et al. (2016) no feijão-caupi, Ramana et al. (2011) no feijão-fradinho e Amin et al. (2014) no feijão-caupi.

Em rendimento por planta (g)

Os dados apresentados na Tabela 4.11 e ilustrados graficamente na Fig. 4.10 revelaram que o rendimento por planta foi significativamente influenciado por diferentes variedades e biofertilizantes, enquanto a sua interação foi considerada não significativa. A análise de variância para o rendimento por planta é apresentada no Apêndice K.

Os dados indicam que as diferentes variedades exerceram uma influência significativa no rendimento por planta. A variedade GJIB 11 (v2) registou uma produção máxima de vagens por planta (306,03 g) em relação às outras variedades. No entanto, o rendimento mínimo por planta (55,42 g) foi registado com a variedade GNIB 22 (v3).

O rendimento por planta foi significativamente influenciado por diferentes biofertilizantes. Um rendimento significativamente mais elevado por planta (229,71 g) foi registado pelo tratamento Rhizobium + PSB (b3), enquanto o rendimento mínimo por planta (202,28 g) foi registado com o tratamento PSB (b2).

Quadro 4.11: Resposta das variedades e dos biofertilizantes no rendimento por planta (g)

Variedades (v)	Biofertilizantes (b)			Média
	Rhizobium (bi)	PSB (b)2	*Uhi+oPisB* + PSB (b3)	
GJIB 2 (vi)	266.77	250.10	283.74	266.87
GJIB 11 (v)2	308.70	284.39	324.99	306.03
GNIB 22 (v)3	56.15	50.58	59.53	55.42
Arka Jay (V4)	239.24	224.05	250.59	237.96
Média	217.71	202.28	229.71	
	Variedades (v]	**1Biofertilizantes**	**(b) Interação (v x b)**	
S.Em.±	7.59	6.5813 .15		
C. D. a 5%	21.61	18. 72NS		
C. V. %		10.52		

Rendimento por parcela (kg)

O resultado do rendimento por parcela (kg) é apresentado no Quadro 4.12 e ilustrado graficamente na Fig. 4.11. Os dados correspondentes foram significativamente influenciados por diferentes variedades e biofertilizantes, enquanto o seu efeito de interação foi considerado não significativo e a análise de variância é apresentada no Apêndice L.

Os dados apresentados mostraram que houve uma diferença estatisticamente significativa entre todas as variedades no rendimento por parcela. O rendimento máximo significativo por parcela (2,82 kg) foi observado na variedade GJIB 11 (v2), enquanto que o mínimo (0,60 kg) foi registado na variedade GNIB 22 (v3)

Os diferentes biofertilizantes exerceram uma influência significativa no rendimento por parcela. Foi observado um rendimento máximo significativo por parcela (2,14 kg) no tratamento Rhizobium + PSB (b3) em relação ao Rhizobium (b1), ou seja, 2,04 kg.

Quadro 4.12: Resposta das variedades e dos biofertilizantes no rendimento por parcela (kg)

Variedades (v)	Biofertilizantes (b)			Média
	Rhizobium (bi)	PSB (b)2	*Shi+oPiuB* + PSB (b3)	
GJIB 2 (vi)	2.47	2.33	2.61	2.47
GJIB 11 (v)2	2.85	2.62	2.98	2.82
GNIB 22 (v)3	0.60	0.56	0.63	0.60
Arka Jay (V4)	2.23	2.08	2.33	2.21
Média	2.04	1.90	2.14	
	Variedades (v	1 **Biofertilizantes (b) Interação (v x b)**		
S.Em.±	0.07	0.060 .12		
C. D. a 5%	0.21	0, 18NS		
C. V. %	10.68			

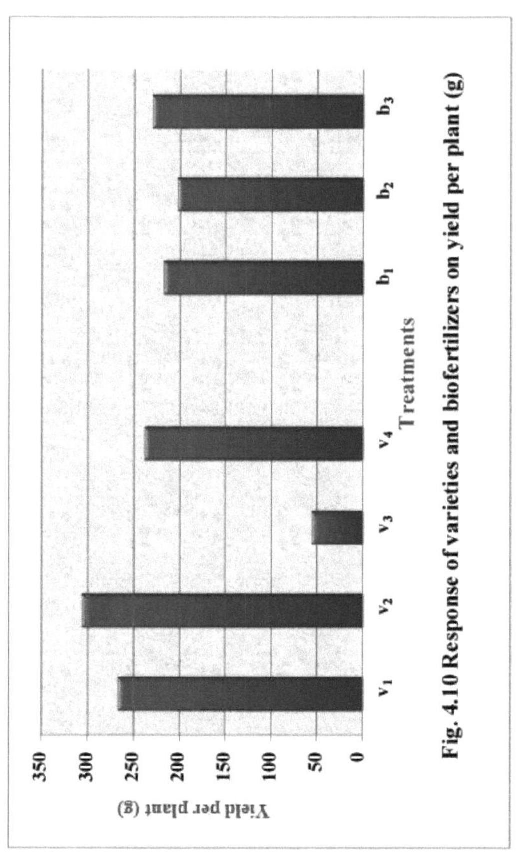

Fig. 4.10 Resposta das variedades e dos biofertilizantes no rendimento por planta (g)

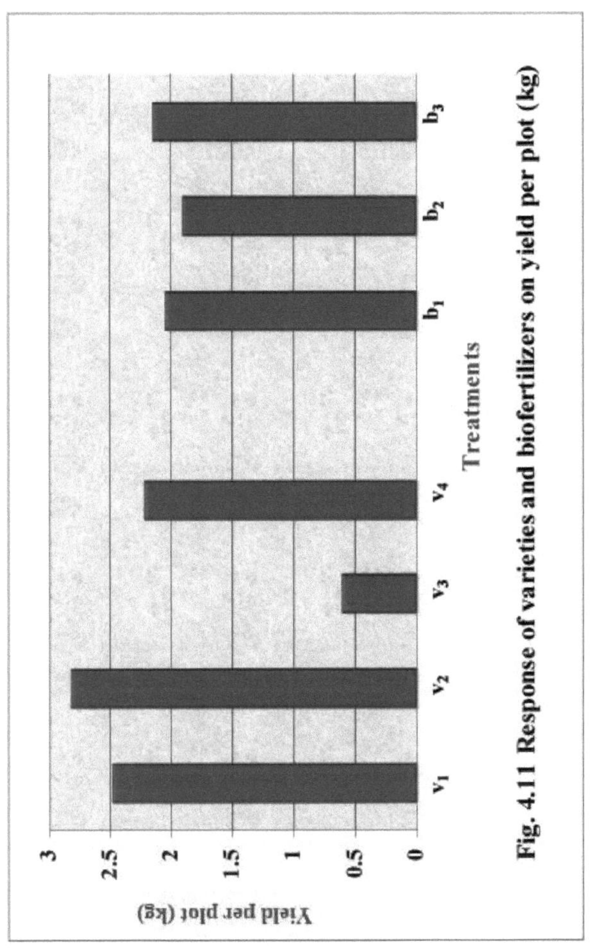

Fig. 4.11 Resposta das variedades e dos biofertilizantes no rendimento por parcela (kg)

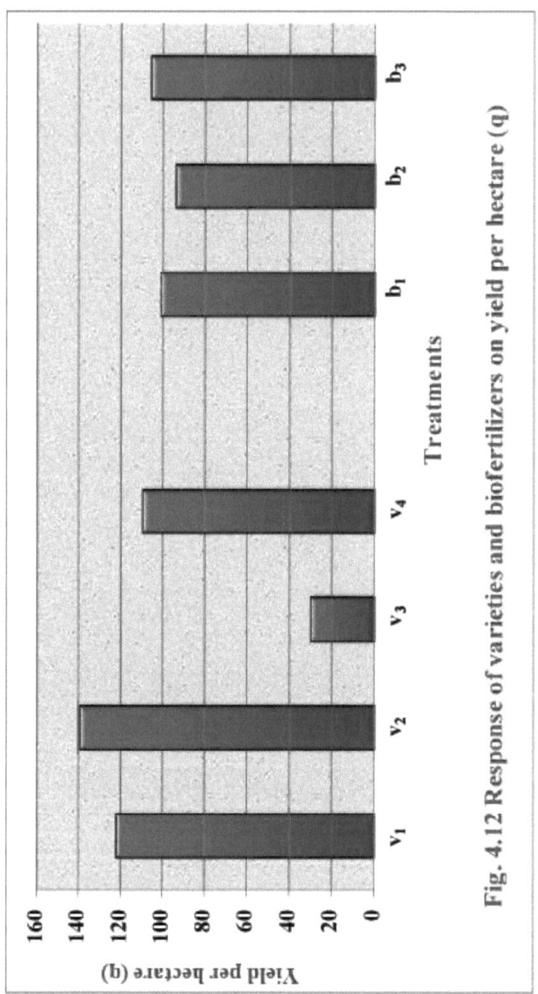

Fig. 4.12 Resposta das variedades e dos biofertilizantes no rendimento por hectare (q)

4.2.6 Relativamente ao rendimento por hectare (q)

O efeito de diferentes variedades, biofertilizantes e a sua interação no rendimento por hectare (q) é apresentado no Quadro 4.13 e representado graficamente na Fig. 4.12. Os dados mostram que o efeito das variedades e dos biofertilizantes foi considerado significativo, mas o seu efeito de interação não foi considerado significativo para o rendimento por hectare. A análise de variância para o rendimento por hectare é apresentada no Apêndice M.

As diferentes variedades mostraram uma influência significativa no rendimento por hectare. Um rendimento máximo significativo por hectare (139,09 q) foi registado na variedade GJIB 11 (v_2), enquanto que o rendimento mínimo por hectare (29,52 q) foi registado na variedade

GNIB 22 (v_3).

Os dados apresentados no quadro 4.13 revelam que os diferentes biofertilizantes tiveram uma influência significativa no rendimento por hectare. O rendimento máximo significativo por hectare (105,56 q) foi registado com o tratamento Rhizobium + PSB (b_3), enquanto o mínimo foi registado com o tratamento PSB (b_2), ou seja, 93,66 q.

Quadro 4.13: Resposta das variedades e dos biofertilizantes no rendimento por hectare (q)

Variedades (v)	Biofertilizantes (b)			Média
	Rhizobium (bi)	PSB (b)2	*Uhi+oPuB* + PSB (b3)	
GJffi 2 (vi)	121.97	115.06	128.89	121.97
GJffi 11 (v)2	140.90	129.22	147.16	139.09
GNIB 22 (v)3	29.79	27.49	31.28	29.52
Arka Jay (V4)	109.96	102.88	114.90	109.24
Média	100.66	93.66	105.56	
	Variedades (v	1 **Biofertilizantes (b) Interação (v x b)**		
S.Em.±	3.56	3.086 .16		
C. D. a 5%	10.12	8. 77NS		
C. V. %	10.67			

Entre as variedades, a GJIB 11 (v_2) registou o máximo rendimento de vagens por planta, por parcela e por hectare (q) e o mínimo foi registado na GNIB 22 (v_3). As diferenças na capacidade de produção das variedades foram afectadas pelo seu potencial genético, pela variabilidade no que diz respeito à adaptabilidade ao solo e ao clima desta região. O aumento da altura da planta, do número de cachos por planta e do número de ramos por planta com a variedade GJIB 11 pode ser atribuído ao aumento do crescimento, como consequência de um período de crescimento mais longo disponível para as fases vegetativas, em comparação com outras cultivares, o que pode levar a uma maior assimilação e acumulação de fotossintatos para a formação de atributos de rendimento. Isto está de acordo com os resultados de Dewangan et al. (2018), Ro et al. (2019), Champaneri et al. (2020) e Desai et al. (2020) no feijão indiano. Singh (2000), Singhal et al. (2014), Anupama et al. (2016) e Reddy et al. (2017) em feijão de cacho.

O tratamento Rhizobium + PSB (b_3) registou o máximo rendimento de vagens por planta (g), por parcela (kg) e por hectare (q) e o mínimo foi registado no tratamento PSB (b_2). O aumento do rendimento e dos parâmetros de rendimento pelo Rhizobium + PSB pode ser devido à maior disponibilidade de nutrientes no solo e resultou em melhor crescimento e desenvolvimento, o que pode ser atribuído à maior fixação de nitrogênio e melhor mobilização de fósforo e maior alocação de fotossintatos para as partes econômicas e também equilíbrio hormonal no sistema vegetal (Ramana et al. 2011). Os PSB com Rhizobium produzem mais ácidos orgânicos como o ácido glucónico, guccínico, lático, oxálico, cítrico e aketoglucónico, que convertem o fosfato insolúvel em solúvel (Stevenson, 1967) e sintetizam substâncias promotoras de crescimento que aumentam o crescimento das plantas (Gaind e Guar, 1992). O desenvolvimento global da planta em termos de raiz e rebento pode ter absorvido mais nutrientes e aumentado a fotossíntese e a produção de assimilados, o que, por sua vez, aumentou o rendimento do feijão-da-índia. Esta constatação corrobora as conclusões de Mishra e Baboo (1992) sobre o feijão-frade, Ramana et al. (2011) e Thakur et al. (2018) sobre o feijão-frade, Vidhale et al.

(2012), Deshmukh et al. (2014) e Patel e Kumari (2018) sobre o feijão-caupi.

RESPOSTA DAS VARIEDADES E DOS BIOFERTILIZANTES AOS PARÂMETROS DE QUALIDADE

As observações sobre os diferentes caracteres de qualidade, como o comprimento da vagem (cm), o número de sementes por vagem, o teor de proteína bruta (%) e o número de nódulos radiculares por planta, foram registadas e analisadas para avaliar os diferentes tratamentos. Os resultados e a discussão de cada carácter sob a influência de vários tratamentos são apresentados a seguir.

Comprimento da vagem (cm)

O efeito de diferentes variedades e biofertilizantes e a sua interação no comprimento das vagens foi registado e apresentado no Quadro 4.14 e representado graficamente na Fig. 4.13. Os dados correspondentes foram significativamente influenciados pelas diferentes variedades, mas os biofertilizantes e a sua interação foram considerados não significativos e a análise da variância é apresentada no Apêndice N.

Os dados revelaram que as diferentes variedades apresentaram uma influência significativa nas vagens

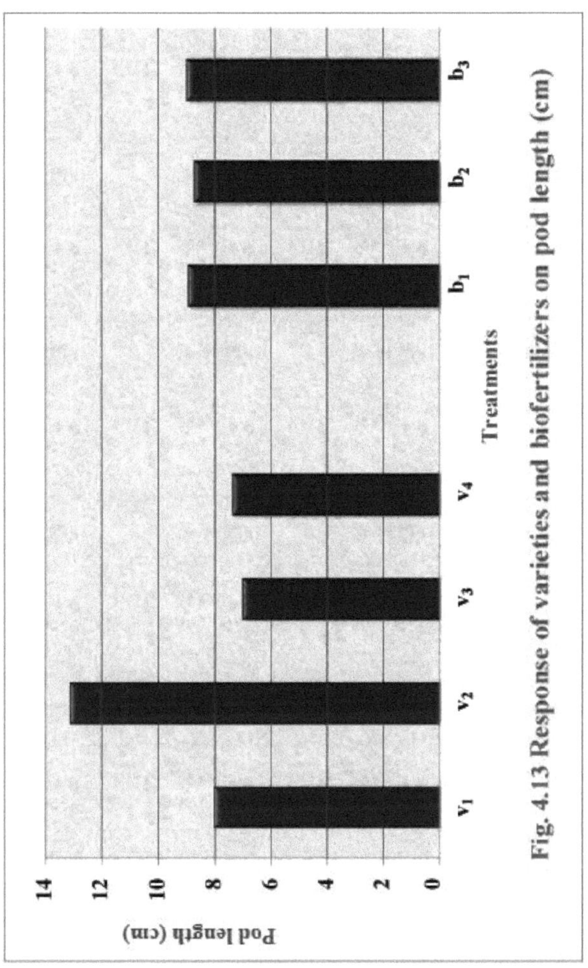

Fig. 4.13 Response of varieties and biofertilizers on pod length (cm)

Fig. 4.13 Resposta das variedades e dos biofertilizantes no comprimento das vagens (cm)

comprimento. O comprimento máximo das vagens (13,13 cm) foi registado na variedade GJIB 11 (v_2), enquanto o mínimo (7,02 cm) foi registado na variedade GNIB 22 (v_3).

Tabela 4.14: Resposta das variedades e dos biofertilizantes no comprimento das vagens (cm)

Variedades (v)	Biofertilizantes (b)			Média
	Rhizobium (bi)	PSB (b)2	*SBzooium* -1- rsB (b3)	
GJffi 2 (vi)	8.02	8.01	8.04	8.02
GJffi 11 (v)2	13.11	13.10	13.18	13.13
GNIB 22 (v)3	7.25	6.45	7.36	7.02
Arka Jay (V4)	7.39	7.35	7.40	7.38

Média	8.94	8.73	9.00	
	Variedades (v	1 Biofertilizantes (b) Interação (v x b)		
S.Em.±	0.22		0. 190.37	
C. D. a 5%	0.62	NS	NS	
C. V. %		7.31		

Foi observado um comprimento máximo significativo das vagens na variedade GJIB 11 (v2). A variação no comprimento da vagem pode ser observada em seus caracteres genéticos, esse tipo de diferenças varietais também foi relatado por Ananth e Kumar (2018), Ro et al. (2019) e Champaneri et al. (2020) no feijão indiano, Singh (2000) e Anupama et al. (2016) em feijão-caupi, Choudhary et al. (2017) em grama-preta, Kalloo et al. (2005) e Khan et al. (2017) em ervilha-da-índia, Patil et al. (1991), Lal e Rai (2011), Patel et al. (2011) e Meena et al. (2018) em feijão-frade.

Sobre o número de sementes por vagem

Os dados apresentados no Quadro 4.15 e ilustrados graficamente na Fig. 4.14 revelaram que o número de sementes por vagem foi significativamente influenciado pelas diferentes variedades, mas os biofertilizantes e a sua interação foram considerados não significativos e a análise de variância é apresentada no Apêndice O.

As diferentes variedades mostraram uma influência significativa no número de sementes por vagem. Um número máximo significativo de sementes por vagem (5,20) foi observado com GJIB 11 (v2). No entanto, o número mínimo de sementes por vagem (4,13) foi registado com a variedade GNIB 22 (v3).

O número mais elevado de sementes por vagem foi significativamente observado na variedade GJIB 11 (v2). A variação no número de sementes por vagem pode ser atribuída à composição genética da variedade, esse tipo de diferenças varietais também foi relatado por Singh et al. (2011), Ananth e Kumar (2018) e Champaneri et al. (2020) no feijão indiano, Singh (2000), Kumawat et al. (2006), Singhal et al. (2014) e Anupama et al.
(2016) em feijão-caupi, Patel et al. (2011), Pawar et al. (2016) e Meena et al. (2018) em feijão-frade.

Quadro 4.15: Resposta das variedades e dos biofertilizantes ao número de sementes por vagem

Variedades (v)	Biofertilizantes (b)			Média
	Rhizobium (bi)	PSB (b)2	*Ohiuobiup* + PSB (b3)	
GJffi 2 (vi)	4.35	4.28	4.57	4.40
GJffi 11 (v)2	5.16	5.05	5.40	5.20
GNIB 22 (v)3	4.16	4.07	4.17	4.13
Arka Jay (V4)	4.25	4.16	4.40	4.27
Média	4.48	4.39	4.64	
	Variedades (v	1 **Biofertilizantes (b) Interação (v x b)**		
S.Em.±	0.11		0. 100.19	
C. D. a 5%	0.31	NSNS		
C. V. %		7.37		

No teor de proteína bruta (%)

O efeito de diferentes variedades e biofertilizante e a sua interação no teor de proteína bruta são apresentados no Quadro 4.16 e representados graficamente na Fig. 4.15. Os dados revelaram que o efeito das variedades e dos biofertilizantes foi considerado significativo, mas o seu efeito de interação foi considerado não significativo e a análise de variância é apresentada no Apêndice P.

As diferentes variedades exerceram influência significativa no teor de proteína bruta. O teor máximo de proteína bruta (22,93 %) foi observado com a variedade GJIB 11 (v2), que foi estatisticamente igual à variedade GNIB 22 (v3). Enquanto o teor mínimo de proteína bruta (22,03 %) foi registado pela variedade Arka Jay (v4).

Os dados revelaram que os biofertiilizantes exerceram uma influência significativa no teor de proteína bruta. O teor de proteína bruta significativamente máximo (22,86 %) foi observado pelo biofertilizante Rhizobium + PSB (b3). Enquanto o mínimo foi registado pelo PSB (b2), ou seja, 22,28 %.

Foi observado um teor significativamente máximo de proteína bruta (%) na variedade GJIB 11 (v2). Estas diferenças no teor de proteínas em diferentes variedades ocorreram devido à sua composição genética variável. Os resultados estão em estreita conformidade com as conclusões de Ananth e Kumar (2018) e Ro et al. (2019) no feijão-da-índia, Singh (2000), Anupama et al. (2016) e Reddy et al. (2017) no feijão-caupi, Kalloo et al. (2005) na ervilha-torta, Patel et al. (2013), Amin et al. (2014) e Pawar et al. (2016) no feijão-frade.

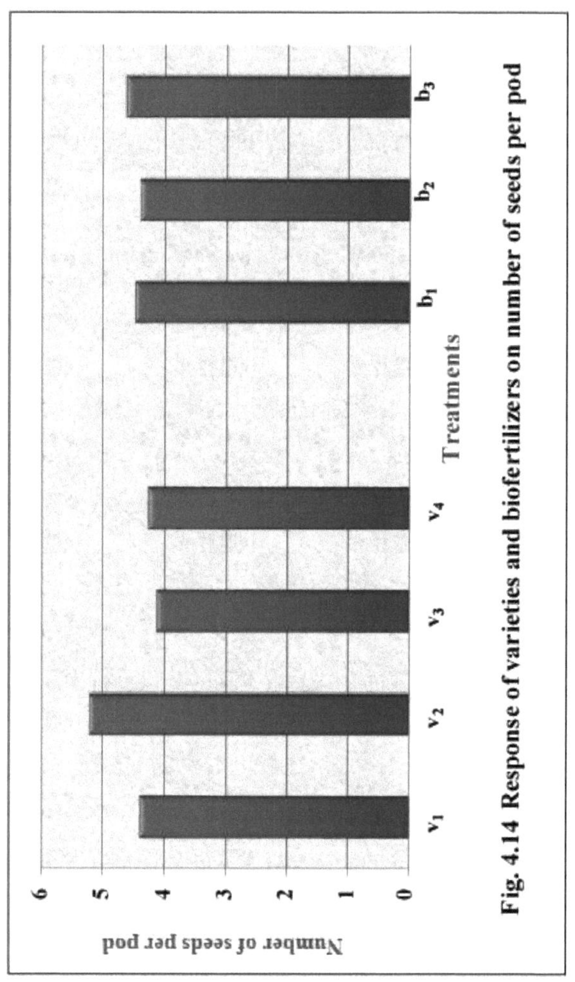

Fig. 4.14 Response of varieties and biofertilizers on number of seeds per pod

Fig. 4.14 Resposta das variedades e dos biofertilizantes no número de sementes por vagem

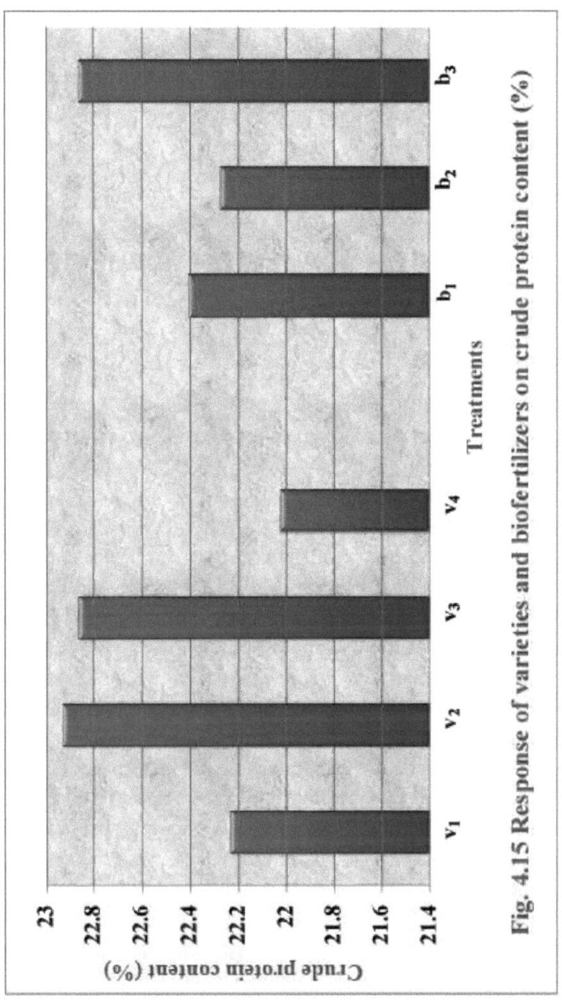

Fig. 4.15 Resposta das variedades e biofertilizantes no teor de proteína bruta (%)

A inoculação das sementes com Rhizobium + PSB registou o teor máximo de proteína bruta. O aumento da proteína bruta pela inoculação de sementes de Rhizobium + PSB pode ser atribuído ao aumento da disponibilidade de nitrogênio e à maior disponibilidade de fósforo, aumentando a taxa de fotossíntese, que é o principal constituinte da proteína, poderia ter alterado o conteúdo para os níveis desejáveis Ramana et al. (2011) em Frenchbean. Esses resultados corroboram os achados de Singh et al. (2018) em feijão-caupi, Ramana et al. (2011) em feijão-fradinho, Dekhane et al. (2011), Khandelwal et al. (2012) e Senthilkumar e Sivagurunathan (2012) em feijão-caupi.

Tabela 4.16: Resposta das variedades e dos biofertilizantes no teor de proteína bruta (%)

Variedades (v)	Biofertilizantes (b)			Média
	Rhizobium (bi)	PSB (b)2	*Uhi+obisB* + PSB (b3)	
GJIB 2 (vi)	22.21	22.18	22.31	22.23
GJIB 11 (v)2	22.87	22.78	23.14	22.93
GNIB 22 (v)3	22.89	22.58	23.12	22.87
Arka Jay (V4)	21.65	21.56	22.87	22.03
Média	22.41	22.28	22.86	
	Variedades (v	1	**Biofertilizantes (b) Interação (v x b)**	
S.Em.±	0.16	0.	140.27	
C. D. a 5%	0.45	0,	39NS	
C. V. %	2.09			

Sobre o número de nódulos radiculares

Os dados sobre a observação periódica do número de nódulos radiculares por planta de feijão indiano medidos aos 60 dias após a sementeira (DAS) e na última colheita, influenciados por diferentes variedades de sementes tratadas com biofertilizantes e a sua interação, são apresentados no Quadro 4.17 e no Quadro 4.18 e representados graficamente na Fig. 4.16 e a análise de variância é apresentada nos Apêndices Q e R.

Sobre o número de nódulos radiculares por planta aos 60 dias após a sementeira

Os dados relativos às diferentes variedades, ao biofertilizante e à sua interação no número de nódulos radiculares por planta aos 60 dias após a sementeira são apresentados no Quadro 4.17 e ilustrados graficamente na Fig. 4.16. Os dados mostram que a resposta das diferentes variedades e dos biofertilizantes foi considerada significativa, mas a sua interação não foi considerada significativa.

As diferentes variedades mostraram uma influência significativa no número de nódulos radiculares por planta. Um número significativamente máximo de nódulos de raiz por planta (31,56) foi observado com GJIB 11 (v_2). No entanto, o mínimo foi registado com a variedade GNIB 22 (v_3), ou seja, 25,00.

Os dados registados no Quadro 4.17 revelaram que os diferentes biofertilizantes tiveram uma influência significativa no número de nódulos radiculares por planta. Um número significativamente máximo de nódulos radiculares por planta (31,88) foi registado com o tratamento Rhizobium + PSB (b_3), enquanto o mínimo de nódulos radiculares foi registado com o tratamento PSB (b_2), ou seja, 24,75.

Tabela 4.17: Resposta de variedades e biofertilizantes no número de nódulos radiculares por planta aos 60 dias após a sementeira

Variedades (v)	Biofertilizantes (b)			Média
	Rhizobium (bi)	PSB (b)2	*Uhizo Uum* + PSB (b3)	
GJffi 2 (vi)	29.33	24.50	32.00	28.61
GJffi 11 (v)2	30.83	27.50	36.33	31.56
GNIB 22 (v)3	25.17	21.50	28.33	25.00
Arka Jay (V4)	27.50	25.50	30.83	27.94
Média	28.21	24.75	31.88	
	Variedades (v	1	**Biofertilizantes (b) Interação (v x b)**	

S.Em.±	0.81	0.701 .39
C. D. a 5%	2.29	1. 99NS
C. V. %		8.55

4.3.4.2 Sobre o número de nódulos radiculares por planta aquando da colheita

Os dados relativos às diferentes variedades, ao biofertilizante e à sua interação no número de nódulos radiculares por planta na colheita são apresentados no Quadro 4.18 e ilustrados graficamente na Fig. 4.16. Os dados mostram que a resposta das diferentes variedades e dos biofertilizantes foi significativa, mas a sua interação não foi significativa.

As diferentes variedades apresentaram uma influência significativa no número de nódulos radiculares por planta. Um número significativamente máximo de nódulos de raiz por planta (40,28) foi observado com GJIB 11 (v2). No entanto, o mínimo foi registado com a variedade GNIB 22 (v3), ou seja, 34,78.

Os dados apresentados no Quadro 4.19 revelaram que os diferentes biofertilizantes tiveram uma influência significativa no número de nódulos radiculares por planta. O número máximo significativo de nódulos radiculares por planta (40,88) foi registado no tratamento Rhizobium + PSB (b3), enquanto o mínimo foi registado no tratamento PSB (b2), ou seja, 34,00.

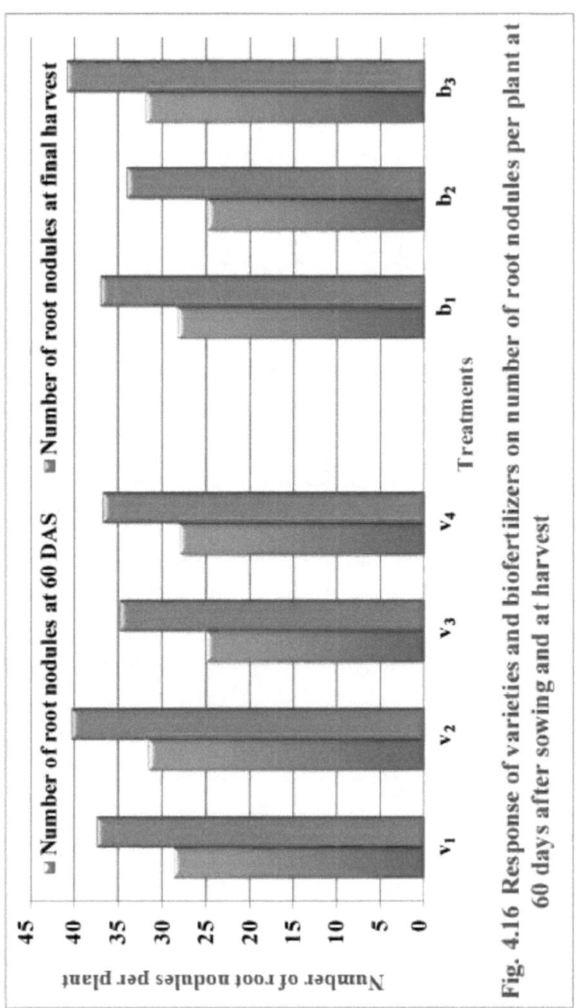

Fig. 4.16 Response of varieties and biofertilizers on number of root nodules per plant at 60 days after sowing and at harvest

Fig. 4.16 Resposta de variedades e biofertilizantes no número de nódulos radiculares por planta aos 60 dias após a sementeira e na colheita

Um número significativamente máximo de nódulos radiculares por planta (40,28) foi observado na variedade GJIB 11 (v_2). Estas diferenças nas diferentes variedades ocorreram devido à sua composição genética variável e ao solo e clima adequados desta região. Os resultados estão em estreita conformidade com as conclusões de Tagore et al. (2013) em grão-de-bico, Yadav et al. (2019) em feijão-frade, Sivakumar et al. (2013) em feijão-frade e grama verde. **Tabela 4.18: Resposta de variedades e biofertilizantes no número de nódulos radiculares por planta na colheita**

Variedades (v)	Biofertilizantes (b)			Média
	Rhizobium (bi)	PSB (b)2	*UhizoPiuB* + PSB (b3)	
GJffi 2 (vi)	37.50	33.67	40.83	37.33
GJffi 11 (v)2	39.33	36.00	45.50	40.28
GNIB 22 (v)3	34.17	32.50	37.67	34.78
Arka Jay (V4)	36.67	33.83	39.50	36.67
Média	36.92	34.00	40.88	
	Variedades (v	1 **Biofertilizantes (b) Interação (v x b)**		
S.Em.±	1.19	1.032 .06		
C. D. a 5%	3.39	2. 94NS		
C. V. %	9.59			

A inoculação de sementes com Rhizobium + PSB registou o número máximo de nódulos radiculares por planta. Isto pode ser atribuído ao aumento da atividade simbiótica de Rhizobium e PSB. Devido a isso, o número e o tamanho dos nódulos radiculares aumentaram mais rapidamente. Também a maior quantidade de fixação de azoto e a maior disponibilidade de fósforo aumentam a taxa de fotossíntese. Esta constatação corrobora as conclusões de Karnan et al. (2012) e Nadeem et al. (2017) em feijão-frade, Tagore et al. (2013) em grão-de-bico, Khan et al. (2017) em ervilha-torta, Ramana et al. (2011) em feijão-frade, Gorade et al. (2014) em grama-verde.

RESPOSTA DAS VARIEDADES E DOS BIOFERTILIZANTES EM TERMOS ECONÓMICOS

Os dados económicos que indicam o custo de cultivo, o rendimento bruto, o rendimento líquido e o rácio benefício: custo sob diferentes variedades e vários níveis de biofertilizantes são apresentados no Quadro 4.19. O custo total de cultivo por hectare foi calculado para a combinação de tratamentos individuais (Apêndice A).

Os resultados na Tabela 4.19. revelaram que, entre as doze combinações de tratamento, v2b3 (variedade GJIB 11 com biofertilizante Rhizobium + PSB) registou um retorno bruto máximo de ? 588640 /ha, retorno líquido de ? 479449 /ha e rácio benefício : custo i.e. 5.39. Enquanto que a combinação de tratamentos v3b2 (variedade GNIB 22 com biofertilizante PSB) registou um rendimento bruto mínimo de ? 109960 /ha, um rendimento líquido de ? 729 /ha e um rácio benefício : custo de 1,01.

As combinações de tratamento v2b3 (variedade GJIB 11 com biofertilizante Rhizobium + PSB) resultaram no máximo retorno bruto, retorno líquido e relação benefício: custo. A interação entre v2b3 (variedade GJIB 11 com biofertilizante Rhizobium + PSB) é benéfica para o rendimento económico, para a captura precoce do mercado. Os resultados estão em conformidade com os relatados por Anupama et al. (2016) em feijão de cacho e Patel et al. (2013) em grama verde.

Quadro 4.19: Economia influenciada por diferentes combinações de tratamentos

Tratamento Não-ação	Rendimento de vagens (kg) por hectare	Rendimento bruto ?/ha	Custo de cultivo Cha	Rendimento líquido Chá	Rácio B : C
Vi bi	12197.33	487893	109071	378822	4.47
vibração2	11506.00	460240	109131	351109	4.22

vi Ь3	12888.67	515547	109191	406356	4.72
V b_{24}	14090.33	563613	109071	454542	5.17
v b_{22}	12921.67	516867	109131	407736	4.74
v b_{23}	14716.00	588640	109191	479449	5.39
V_3 b!	2979.33	119173	109171	10002	1.09
V3b_2	2749.00	109960	109231	729	1.01
У3Ь3	3127.67	125107	109291	15816	1.14
v b_{44}	10996.00	439840	110071	329769	4.00
v b_{42}	10287.67	411507	110131	301376	3.74
V4b3	11489.67	459587	110191	349396	4.17

Preço de venda da cápsula: ? 40/kgTaxa de sementeira : 25 kg/ha

V RESUMO E CONCLUSÕES

A presente investigação, intitulada **Resposta de variedades de feijão indiano** (Lablab purpureus **L.) juntamente com biofertilizantes**, foi realizada na quinta da faculdade, Faculdade de Horticultura, Universidade Agrícola Sardarkrushinagar Dantiwada, Jagudan, Dist. Mehsana (Gujarat), Índia, durante a época da kharif, 2020-21, com o objetivo de determinar a quantidade óptima de fontes orgânicas de nutrientes.

Houve doze combinações de tratamentos de variedades (GJIB 2, GJIB 11, GNIB 22 e Arka Jay) e tratamento de sementes com biofertilizantes (Rhizobium, PSB e Rhizobium + PSB). As sementes de todas as variedades foram semeadas em 1st de setembro de 2020, a um espaçamento de 75 cm x 30 cm numa parcela com dimensões de 3,75 m x 1,5 m. A experiência foi delineada num desenho de blocos aleatórios com conceito fatorial (FRBD) com três repetições num campo aberto.

As observações foram registadas em cinco plantas selecionadas aleatoriamente sobre os dias necessários para 50% de germinação, altura da planta aos 60 DAS e na colheita final (cm), número de ramos por planta, dias necessários para o início da floração, dias necessários para a primeira colheita, dias necessários para a última colheita, número de vagens por cacho, número de cacho por planta, número de colheitas, rendimento por planta (g), rendimento por parcela (kg), rendimento por hectare (q), comprimento da vagem (cm), número de sementes por vagem, teor de proteínas brutas (%), número de nódulos radiculares por planta aos 60 DAS e na colheita e economia dos tratamentos foram submetidos a uma análise estatística de acordo com o procedimento normalizado.

Os resultados assim obtidos são apresentados e discutidos nos capítulos anteriores e resumidos nos seguintes pontos:

Parâmetros de crescimento

Mínimo de dias para a germinação (4,00), altura máxima da planta aos 60 DAS (114,68 cm) e colheita final (166,02 cm), número de ramos por planta (28,29), dias para a última colheita (155,56), número de vagens por cacho (6,73), rendimento por planta (306.03 g), rendimento por parcela (2,82 kg), rendimento por hectare (139,09 q), comprimento da vagem (13,13 cm), número de sementes por vagem (5,20), teor de proteína bruta (22,93 %), número de nódulos radiculares por planta aos 60 DAS (31,56) e na colheita (40,28) foram registados na variedade GJIB 11 (v2). Enquanto que o mínimo de dias para a iniciação da flor (41,53), dias para a primeira colheita

(74.(91)O número máximo de cachos por planta (25,44) e o número de colheitas (9,11) foram registados na variedade GNIB 22 (v3).

A altura máxima das plantas aos 60 DAS (76,41 cm) e na colheita final (109,93 cm) e o número de ramos por planta (23,97) foram observados com o biofertilizante Rhizobium + PSB (b3).

Parâmetros de rendimento

O número máximo de vagens por cacho (6,73), o rendimento por planta (306,03 g), por parcela (2,82 kg) e por hectare (139,09 q) foram registados na variedade GJIB 11 (v2), enquanto que a variedade GNIB 22 (v3) produziu o número máximo de cachos por parcela (25,44) e de colheitas (9,11).

O biofertilizante Rhizobium + PSB (b3) foi considerado superior em relação ao número de vagens por cacho (4,37), número de cacho por planta (18,39), rendimento por planta (229,71 g), por parcela (2,14 kg) e por hectare (105,56 q).

Parâmetros de qualidade

A variedade GJIB 11 (v2) foi superior ao registar o comprimento máximo de vagem (13,13 cm), número de sementes por vagem (5,20), teor de proteína bruta (22,93 %) e número de nódulos de raiz por planta aos 60 DAS (31,56) e na colheita (40,28) entre todas as variedades.

O comprimento máximo da vagem (9,00 cm) e o número de sementes por vagem (4,64), o teor máximo significativo de proteína bruta (22,86 %) e o número de nódulos radiculares por planta aos 60 DAS (31,88) e na colheita (40,88) foram observados com o biofertilizante Rhizobium + PSB (b3).

Economia

No que diz respeito à economia, o rendimento bruto máximo (588640), o rendimento líquido (-<479449), a relação custo-benefício (5,39) e o rendimento máximo foram observados no tratamento T6 (GJIB 11 tratado com cultura de Rhizobium + PSB).

Conclusão

Conclui-se que, para obter o máximo rendimento, retorno económico e relação custo-benefício, as sementes da variedade de feijão indiano GJIB 11 devem ser tratadas com Rhizobium + PSB @ 25 ml por kg.

REFERÊNCIAS

Ahmed, S. H.; Gendy; Hussein, A. H.; Said-Al Ahl; Abeer, A.; Mahmoud e Hanaa, F.Y.M. (2013). Efeito de fontes de nitrogênio, biofertilizantes e sua interação no crescimento, rendimento de sementes e composição química de plantas de guar. Life Science Journal, **10**(3): 389-402.

Al-Snafi, A. E. (2017). A farmacologia e a importância médica de Dolichos lablab (Lablab purpureus). Organização Internacional de Investigação Científica, **7**(2):22- 30.

Amin, A. U.; Agalodia, A. V. e Prajapti, D. B. (2014). Desempenho de variedades de feijão-caupi em parâmetros de crescimento, rendimento e qualidade. Publicado no comité estatal de sementes (2013-2014). CRSS, Jagudan.

Ananth, R. A. e Kumar, S. R. (2018). Triagem de genótipos de feijão dolichos [Lablab purpureus L. (doce)] para crescimento e rendimento na região costeira de Tamil Nadu. Arquivos de plantas, **18**(2): 1258-1262.

Anónimo (2018). "Horticultural Statistics at a Glance", Divisão de Estatísticas de Horticultura, Departamento de Agricultura, Cooperação e Bem-Estar dos Agricultores, Ministério da Agricultura e Bem-Estar dos Agricultores, Governo da Índia, Nova Deli, pp. 141230.

Anupama; Dolkar, R.; Vadodaria, J. R. e Verma, P. (2016). Efeito de diferentes variedades de clusterbean [Cyamopsis tetragonaloba (L.) Taub.] e biofertilizantes nos parâmetros de crescimento, rendimento e qualidade. Revista Ecologia, Ambiente e Conservação, pp. S457-S462.

AOAC (1995). Official methods of analysis 16th Edition Association of Official Analytical Chemists, Washington, DC.

Byregowda, M.; Girish, G.; Ramesh, S.; Mahadevu, P. e Keerthi, C. M. (2015). Descritores do feijão Dolichos (Lablab purpureus L.). Journal of Food Legumes, **28**(3): 203-214.

Champaneri, D. D.; Patel, N. K.; Desai, C. S.; e Tandel, B. M. (2020). Economia da produção de feijão indiano [Lablab purpureus (L.) Sweet] influenciada pela aplicação de novo nutriente líquido orgânico e novo mais nutriente líquido orgânico. The Asian Journal of Agricultural Extension, Economics and Sociology, **38**(9): 121-126.

Chandran, B. S. (2005). Efeito da inoculação de sementes com rizóbio e bactérias solubilizadoras de fosfato (Pseudomonas e Bacillus spp.) na grama verde. Crop Research, **31**(3): 14-16.

Choudhary, P.; Singh, G.; Reddy, G. L. e Jat, B. (2017). Efeito do biofertilizante em diferentes variedades de grama preta (Vigna mungo L). Revista Internacional de Ciência Aplicada Microbiológica Atual, **6**(2): 302-316.

Choudhary, R. S.; Yadav, R. S. e Abdul, A. (2014). Produtividade e economia do clusterbean (Cyamopsis tetragonoloba) como influenciado pela fertilização com fósforo e biofertilizantes no oeste do Rajastão. Pesquisa Agrícola Anual, **35**(1): 6264.

Das, B.; Wagh, A. P.; Dod, V. N.; Nagre, P. K. e Bawkar, S. O. (2011). Effect of integrated nutrient management on cowpea (Efeito da gestão integrada de nutrientes no feijão-frade). The Asian Journal of Horticulture, **6**(2): 402-405.

Dekhane, S. S.; Khafi, H. R.; Raj, A. D. e Parmar, R. M. (2011). Efeito do biofertilizante e dos níveis de fertilidade no rendimento, teor de proteínas e absorção de nutrientes do feijão-frade [Vigna unguiculata (L.) Walp.]. Legume Research, **34**(1): 51-54.

Desai, N. B.; Leva, R. L.; Khadadiya, M. B.; e Patel, U. J. (2020). Gestão integrada de nutrientes no feijão indiano Rabi (Dolichos lablab L.). Journal of Pharmacognosy and Phytochemistry, **9**(4): 457-459.

Deshmukh, R. P.; Nagre, P. K.; Wagh, A. P. e Dod, V. N. (2014). Efeito de diferentes biofertilizantes no crescimento, rendimento e qualidade do clusterbean. Jornal Indiano de Avanços em Pesquisa Vegetal, **1**(2): 39-42.

Dewangan, R.; Choyal, P.; ND, R.; Xaxa, S.; Kerketta, A. e Seervi, K. (2018). Desempenho médio dos genótipos de feijão Dolichos (Lablab purpureus L.) para parâmetros de rendimento de vagens e sementes. Revista Internacional de Estudos Químicos. **6**(4): 975-978.

Fuller, D. Q. (2003). "Food, fuel, fields-progress in African archaeobotany", Instituto Henrich Barth, Alemanha, pp. 239-271.

Futuless, Ngodi, Kaki, Bake, Dauda e Ibrahim (2010). Avaliação do rendimento e dos atributos de rendimento de algumas variedades de feijão-frade (Vigna unguiculata (L.) Walp) na Savana do Norte da Guiné. Journal of American Science, **6**(10): 671-674.

Gaind, S. e Gaur, A. C. (1992). Microrganismos solubilizadores de fosfato e sua interação com o feijão-mungo. Plant and Soil, **133**: 141-149.

Gorade, V. N.; Chavan, L. S.; Jagtap, D. N. e Kolekar, A. B. (2014). Resposta das variedades de grama verde

(Vigna radiata L.) à gestão integrada de nutrientes na estação do verão. Agriculture Science Digest, **34**(1): 36-40.

Hadavani, J. K.; Mehta, D. R.; Raval, L. J. e Ghetiya, K. P. (2018). Parâmetros de variabilidade genética no feijão indiano (Lablab purpureus L.). Jornal Internacional de Biociência Aplicada Pura, **6**(4): 164-168.

Jackson, M.L. (1973). Soil Chemical Analysis. Prentice Hall of India Pvt. Ltd., Nova Deli: 327-350.

Kalloo, G.; Rai, M.; Singh, J.; Verma, A.; Kumar, R. Rai, G. K. e Vishwanath (2005). Morphological and biochemical variability in vegetable pea (Pisum sativum L.). Vegetable Science, **32**(1): 19-23.

Karande, S. V.; Khot, R. B. e Hankar, R. H. (2006). Efeito da disposição e da integração de nutrientes no rendimento e na absorção de nutrientes do grão-de-bico. Jornal da Universidade Agrícola de Maharashtra, **31**(3):370-372.

Karnan, M.; Senthilkumar, G.; Madhavan, S.; Kulothungan, S. e Panneerselvam, A. (2012). Efeito dos biofertilizantes nos parâmetros morfológicos e fisiológicos do feijão-frade (Vigna unguiculata), Advances in Applied Science Research, **3**(5): 32693272.

Khan, A. A.; Kabir, H.; Shah, B.; Shah, B. H. e Wahid, M. A. (2012). Efeito do fertilizante nitrogenado no crescimento do mungbean (Vigna rediata L. Wilczek) cultivado em Quetta. Jornal de Botânica do Paquistão, **44**(3): 981-987.

Khan, I.; Singh, D. e Jat, B. (2017). Efeitos dos biofertilizantes no crescimento das plantas e nos caracteres de rendimento de Pisum sativum L. Advance Research Journal of Crop Improvement, **8**(1): 99-108.

Khan, V. M.; Manohar, K. S.; Kumawat, S. K. e Verma, H. P. (2013). Efeito do vermicomposto e dos biofertilizantes no rendimento e no estado dos nutrientes do solo após a colheita do feijão-caupi [Vigna unguiculata (L.) W.]. Desenvolvimento Sustentável Agrícola, **1**(1): 79-81.

Khandelwal, R.; Choudhary, S. K.; Ghoshlya, J. e Singh, P. (2013). Efeito de fertilizantes e biofertilizantes no crescimento, rendimento e economia do feijão-caupi. Anais da Pesquisa de Plantas e Solos, **15**(2): 177-178.

Khandelwal, R.; Choudhary, S. K.; Khangarot, S. S.; Jat, M. K. e Singh, P. (2012). Efeito de fertilizantes inorgânicos e biofertilizantes na produtividade e absorção de nutrientes no feijão-frade [Vigna unguiculata (L.) Walp]. Legume Research, **35**(3): 235-238.

Kumar, P.; Yadav, V. K.; Yadav, A.; Saini, L. K.; Yadav, J. S. e Kumar, R. (2012). Desempenho de cultivares de feijão de cacho sob diferentes técnicas de conservação de recursos. Meio Ambiente e Ecologia, **30**(3): 734-738.

Kumawat, P. D.; Yadav, G. L.; Singh, M. e Jat, B. I. (2006). Effect of varieties and fertilizer levels on yield attributed and yield of clusterbean [Cyamopsis tetragonoloba (L.) Taub]. Agriculture Science Digest, **26**(1): 63-64.

Lal, H. e Rai, N. (2011). Desempenho de 10 novos genótipos de feijão-frade. Publicado no relatório anual (2011-2012), IIVR.

Madhavan, S.; Karan, M.; Senthilkumar, G.; Kulothungan, S. e Panneerselvam, A. (2012). Efeito dos biofertilizantes nos parâmetros morfológicos e fisiológicos do feijão-frade (Vigna unguiculata). Avanços na Pesquisa em Ciências Aplicadas, **3**(5): 32693272.

Meena, D. D.; Thomas, T. e Rao, P. S. (2018). Efeito de diferentes níveis de rizóbio NPK e FYM nas propriedades do solo, crescimento e rendimento do feijão-caupi (Vigna unguiculata L.) Var. Pusa Barsati. Revista Internacional de Estudos Químicos, **6**(3): 2117-2119.

Mishra, A.; Prasad, K. e Rai, G. (2010). Effect of biofertilizers on growth and yield of dwarf field pea (Pisum sativum L.) in conjunction with different doses of chemical fertilizers. Journal of Agronomy, **9**(4): 163-168.

Mishra, D. J.; Singh, R.; Mishra, U. K. e Kumar, S. S. (2013). Papel do biofertilizante na agricultura orgânica: A Review. Jornal de Pesquisa de Ciência Recente, **2:** 39-41.

Mishra, S. K. e Baboo, R. (1992). Effect of nitrogen, phosphorus and seed inoculation on cowpea (Efeito do azoto, fósforo e inoculação de sementes no feijão-frade). Indian Journal of Agronomy, **44** (2): 373-376.

Nadeem, M. A.; Singh, V.; Dubey, R. K.; Pandey, A. K.; Singh, B.; Kumar, N.; e Pandey, S. (2018). Influência do fósforo e biofertilizantes no crescimento e rendimento do feijão-caupi [Vigna unguiculata (L.) Walp.] em solo ácido da região NEH da Índia. Legume Research: An International Journal, **41**(5): 763-766.

Pandey, Y. R.; Pun, A. B. e Mishra, R. C. (2006). Avaliação de variedades de feijão-frade de tipo vegetal para produção comercial na bacia hidrográfica e em zonas de baixa altitude. Nepal Agriculture Research Journal, **7**: 16-20.

Panse, V. G. e Sukhatme, P. V. (1985). Statistical methods for Agricultural workers. 4th ed., ICAR, Nova Deli. pp : 136.

Patel, B. V.; Parmar, B. R.; Parmar, S. B. e Patel, S. R. (2011). Efeito de diferentes espaçamentos e variedades nos parâmetros de rendimento do feijão-frade (Vigna unguiculata (L.) Walp.). The Asian Journal of Horticulture, **6**(1): 56-59.

Patel, C. S.; Patel, J. B.; Suthar, J. V. e Patel, P. M. (2010). Efeito da gestão integrada de nutrientes na produção de sementes de clusterbean [Cyamopsis tetragonoloba (L.) Taub] cv. Pusa Navbahar. Revista Internacional de Ciências Agrícolas, **6** (1): 206-208.

Patel, D. M. e Kumari, S. (2018). Avaliação varietal do feijão-caupi vegetal [Vigna unguiculata (L.) Walp] em relação ao rendimento nas condições do norte de Gujarat. Jornal de Farmacognosia e Fitoquímica, **7**(7): 3913-3920.

Patel, H.; Parmar, V.; Patel, P. e Mavdiya, V. (2018). Efeito de fertilizantes orgânicos no rendimento e atributos de rendimento do feijão de cacho (Cymopsis tetragonoloba L.) Cv. Pusa Navbahar. Revista Internacional de Estudos Químicos, **6**(4): 1797-1799

Patel, R. D.; Patel, D. D.; Chaudhari, M. P.; Surve, V.; Patel, K. G. e Tandel, B. B. (2013). Resposta de diferentes cultivares de greengram ao manejo integrado de nutrientes nas condições do sul de Gujarat. AGRES-An International Journal, **2**(2): 132-142.

Patil, N. K. B.; Kamannavar, P. Y. e Biradar, D. P. (1991). Desempenho de variedades de feijão-frade em dois espaçamentos entre linhas. Jornal da Universidade de Agricultura de Maharashtra, **16**(1): 110-111.

Pawar, Y.; Varma, L.R.; Verma, P. e Kulkarni, M.V. (2016). Desempenho varietal do feijão-caupi (Vigna unguiculata L.) em relação ao crescimento, produção de sementes e atributos de qualidade. Eco. Env. e Cons., **22**(3): 579-582.

Piper, C. S. (1950). Soil and Plant Analysis. Imprensa Académica da Universidade de Adelaide, N.Y. Austrália. pp. 47-80.

Prajapati, N.; Rajput, R. L.; Kasana, B. S. e Singh, K. A. (2017). Efeito de diferentes combinações de INM no crescimento e rendimento do clusterbean [Cyamopsis tetragonoloba L.]. Revista Internacional de Ciências Agrárias, **9**(54): 49214924.

Prasad, P. N.; Singh, R. K.; Yadava, R. B. e Chaurasia, S. N. S. (2013). Crescimento e nodulação do feijão-caupi [Vigna unguiculata (L.) Walp] influenciados pelos níveis de fósforo e bioinoculantes. Vegetable Science, **40**(2): 204-206.

Ramana, V.; Ramakrishna, P. K. e Balakrishna, R. K. (2011). Efeito de biofertilizantes no crescimento, rendimento e qualidade do feijão francês (Phaseolus vulgaris). Vegetable Science, **38**(1): 35-38.

Reddy, D. R.; Saidaiah, P.; Reddy, K. R. e Pandravada, S. R. (2017). Desempenho médio dos genótipos de feijão de cacho para rendimento, parâmetros de rendimento e traços de qualidade. Jornal Internacional de Ciência Aplicada Microbiológica Atual, **6** (9): 3685-3693.

Reddy, D. S.; Nagare, P. K.; Reddaiah, K. e Reddy, B. R. (2014). Efeito da gestão integrada de nutrientes no crescimento, rendimento, atribuindo caracteres e caracteres de qualidade no feijão cluster. Um Jornal Internacional Trimestral de Ciências Ambientais, **6**: 329-332.

Ro, M.; Evoor, S.; Basavaraj; Gasti, V. D.; Kumar, C. S. e Kamble, C. (2019). Desempenho per se de genótipos de feijão dolichos (Lablab purpureus L.) para produção de vagens e caraterísticas de qualidade. Journal of Pharmacognosy and Phytochemistry, **8**(4): 1729-1732.

Rokhzadi, A.; Asgharzadeh, A.; Darvish, F.; Mohammadi, G. e Majidi, E. (2008). Influência das rizobactérias promotoras do crescimento das plantas na acumulação de matéria seca e no rendimento do grão-de-bico (Cicer arietinum L.) em condições de campo. American Eurasian Journal Agriculture and Environment Science, **3**(2): 253-257.

Roychowdhury, D.; Paul, M. e Banerjee, S (2014). Efeitos de biofertilizantes e biopesticidas no cultivo e produtividade de arroz e chá: A Review. Revista Internacional de Ciência, Engenharia e Tecnologia, **2**(8): 96-106.

Senthilkumar, P. K. e Sivagurunathan, P. (2012). Efeito comparativo de biofertilizantes bacterianos no crescimento e rendimento de grama verde (Phaseolus radiata L.) e ervilha-de-corda (Vigna siensis Edhl.). International Journal Current Microbiology Applies Science, **1**(1): 34-39.

Sharma, I.; Phukon, M.; Borgohain, R.; Goswami, J. e Neog, M. (2014). Resposta do feijão francês (Phaseolus vulgaris L.) ao estrume orgânico, vermicomposto e biofertilizantes nos parâmetros de crescimento e rendimento. The Asian Journal of Horticulture, **9**(2): 386-389.

Sharma, P.; Meena, R. S.; Kumar, S.; Gurjar, D. S.; Yadav, G. S. e Kumar, S. (2019). Crescimento, rendimento e qualidade do feijão cluster (Cyamopsis tetragonoloba) como influenciado pelo gerenciamento integrado de nutrientes no sistema de cultivo de becos. Jornal Indiano de Ciências Agrícolas, **89**(11):1876-1880.

Sharma, U.; Arun, A. e Singh, U. (2018). Efeito da gestão integrada de nutrientes no crescimento e rendimento do feijão de cacho (Cyamopsis tetragonoloba) var. Pusa Navbahar. Revista Internacional de Microbiologia Atual e Ciências Aplicadas, **7**(7): 350353.

Shrivastava, T. K. e Ahlawat, I. P. S. (1993). Resposta do feijão de cacho (Cyamopsis tetragonoloba) ao fósforo, molibdénio e biofertilizantes (PSB e Rhizobium). Indian Journal of Agronomy, **40**: 630-635.

Singh, B. e Kumar, R. (2016). Efeito da gestão integrada de nutrientes no crescimento, rendimento e caracteres de atribuição de rendimento no feijão de cacho [Cyamopsis tetragonoloba (L.) Taub.]. Agricultural Science Digest, **36**(4): 307-310.

Singh, J. (2000). Resposta de variedades de feijão de cacho (Cyamopsis tetragonoloba (L.) Taub) de diferentes espaçamentos durante a época de verão Tese de Mestrado (Agri.) não publicada GAU, Sardarkrushinagar.

Singh, P. K.; Rai, N.; Lal, H.; Bhardwaj, D. R.; Singh, R. e Singh, A. P. (2011). Correlação, caminho e análise de agrupamento em feijão-jacinto (Lablab purpureus L. Sweet). Journal of Agricultural Technology, **7**(4): 1117-1124.

Singhal, S.; Jain, K. K. e Kumwat, A. (2014). Resposta de cultivares de feijão de cacho (Cyamopsis tetragonoloba) a diferentes níveis de zinco no noroeste do Rajastão. Anais da Pesquisa Agri-Bio, **9**(3): 437-440.

Sivakumar, T.; Ravikumar, M.; Prakash, M. e Thamizhmani, R. (2013). Efeito comparativo de biofertilizantes bacterianos no crescimento e rendimento de grama verde (Phaseolus radiata L.) e ervilha-de-corda (Vigna siensis Edhl.). Revista internacional de investigação atual e revisão académica, **1**(2) pp. 20-28.

Sripriya, B.; Deotale, R. D.; Hatmode, C. N.; Titare, P. e Thorat, A. W. (2005). Efeito do biofertilizante (lama de prensa, rizóbio e PSB) e dos nutrientes nos parâmetros morfofisiológicos da grama verde (Vigna radiata L.). Journal of Soils and Crops, **15**(20): 442-447.

Stevenson, R. (1967). Organic acids in soil biochemistry (A.D. Melaten and G.K. Peterson ed.). Marcel Dekkar, Inc., Nova Iorque. pp. 101-106.

Subbiah, B. V. e Asija, G. L. (1956). Um procedimento rápido para a estimativa do azoto disponível nos solos. Current Science, **25**: 259-260.

Tagore, G. S.; Namdeo, S. L.; Sharma, S. K. e Kumar, N. (2013). Efeito de Rhizobium e inoculantes bacterianos solubilizadores de fosfato em caraterísticas simbióticas, leghemoglobina de nódulos e rendimento de genótipos de grão-de-bico. Revista Internacional de Agronomia, 581627, pp. 1-8.

Thakur, S.; Thakur R. e Mehta, D. (2018). Efeito dos biofertilizantes nas caraterísticas hortícolas e de rendimento do feijão francês var. Contender sob condições temperadas secas do distrito de Kinnaur, em Himachal Pradesh. Jornal de Ciências Aplicadas e Naturais, **10**(1): 421-424.

Thamburaj, S. e Singh, N. (2003). "Vegetables, Tubers and Spices", Direção de Informação e Publicação da Agricultura, ICAR, Nova Deli, pp. 214-216.

Thomas, A. e Lal, R. B. (2003). Estratégias para a tecnologia INM na gestão sustentável de cultivares de edapho para um sistema de cultivo baseado em leguminosas (grama preta-trigo-grama verde) para Inceptisols na NEPZ. Crop Research-An International Journal, **26**(1): 17-25.

V erma, A.; Jyothi, K. U. e Rao, A. V. D. (2015). Estudos de variabilidade e associação de caracteres em genótipos de feijão dolichos (Lablab purpureus L.). Indian Journal of Agricultural Research, **49** (1): 46-52.

V idhale, O. B.; Thanki, J. D. e Patel, D. D. (2012). Resposta do feijão de cacho [Cyamopsis tetragonoloba (L.) (Taub.)] à gestão integrada de nutrientes. A Quarterly Journal of Life Sciences, **9**(3): 389-391.

V adav, A.; Ramawat, N. e Singh, D. (2019). Efeito de adubos orgânicos e biofertilizantes nos parâmetros de crescimento e rendimento do feijão-caupi (Vigna unguiculata (L.) Walp.). Journal of Pharmacognosy and Phytochemistry, **8**(2): 271-274.

APÊNDICES

Análise de variância para diferentes parâmetros

Parâmetros de crescimento

A. Análise de variância para os dias necessários para 50% de germinação

Fonte de variação	d.f.	S.S.	M.S.	Cal. F	Tab. F	S.Em±	CD. a 5%	Teste
Replicação	2	0.06	0.03	0.13	3.44	0.13	0.38	NS
V	3	2.08	0.69	3.31	3.05	0.15	0.43	*
B	2	0.22	0.11	0.53	3.44	0.13	0.38	NS
Int. VxB	6	1.33	0.22	1.06	2.55	0.26	0.75	NS
Erro	22	4.61	0.21					

*Significativo a um nível de significância de 5%

B. Análise de variância para altura da planta (cm) aos 60 DAS

Fonte de variação	d.f.	S.S.	M.S.	Cal. F	Tab. F	S.Em±	C.D. a 5%	Teste
Replicação	2	106.62	53.31	1.57	3.44	1.68	4.78	NS
V	3	51962.42	17320.81	511.46	3.05	1.94	5.52	**
B	2	257.33	128.67	3.80	3.44	1.68	4.78	*
Int. VxB	6	119.05	19.84	0.59	2.55	3.36	9.56	NS
Erro	22	745.03	33.87					

*Significativo a um nível de significância de 5%

C. Análise de variância para altura da planta (cm) na colheita final

Fonte de variação	d.f.	S.S.	M.S.	Cal. F	Tab. F	S.Em±	CD. a 5%	Teste
Replicação	2	229.15	114.57	1.58	3.44	2.46	7.01	NS
V	3	111584.18	37194.73	511.46	3.05	2.84	8.09	**
B	2	552.66	276.33	3.80	3.44	2.46	7.01	*
Int. VxB	6	255.60	42.60	0.59	2.55	4.92	14.01	NS
Erro	22	1599.89	72.72					

*Significativo a um nível de significância de 5%

D. Análise de variância para o número de ramos por planta

Fonte de variação	d.f.	S.S.	M.S.	Cal. F	Tab. F	S.Em±	CD. a 5%	Teste
Replicação	2	5.00	2.50	0.73	3.44	0.53	1.52	NS
V	3	1219.14	406.38	118.58	3.05	0.62	1.76	**
B	2	26.73	13.36	3.90	3.44	0.53	1.52	*
Int. VxB	6	4.58	0.76	0.22	2.55	1.07	3.04	NS
Erro	22	75.40	3.43					

*Significativo a um nível de significância de 5%

E. Análise de variância para os dias necessários para o início da floração

Fonte de	d.f.	S.S.	M.S.	Cal. F	Tab. F	S.Em±	CD. a	Teste

variação							5%	
Replicação	2	3.86	1.93	0.31	3.44	0.72	2.06	NS
V	3	7393.06	2464.35	392.82	3.05	0.83	2.38	**
B	2	35.65	17.82	2.84	3.44	0.72	2.06	NS
Int. V X B	6	21.44	3.57	0.57	2.55	1.45	4.12	NS
Erro	22	138.02	6.27					

*Significativo a um nível de significância de 5%

F. Análise de variância para os dias da primeira colheita

Fonte de variação	d.f.	S.S.	M.S.	Cal. F	Tab. F	S.Em±	CD. a 5%	Teste
Replicação	2	6.37	3.18	0.31	3.44	0.93	2.65	NS
V	3	4841.87	1613.96	155.11	3.05	1.08	3.06	**
B	2	22.48	11.24	1.08	3.44	0.93	2.65	NS
Int. V X B	6	61.48	10.25	0.98	2.55	1.86	5.30	NS
Erro	22	228.91	10.41					

*Significativo a um nível de significância de 5%

G. Análise de variância para os dias da última colheita

Fonte de variação	d.f.	S.S.	M.S.	Cal. F	Tab. F	S.Em±	CD. a 5%	Teste
Replicação	2	33.17	16.58	0.46	3.44	1.73	4.92	NS
V	3	1179.67	393.22	10.96	3.05	2.00	5.68	**
B	2	2.67	1.33	0.04	3.44	1.73	4.92	NS
Int. V X B	6	32.00	5.33	0.15	2.55	3.46	9.84	NS
Erro	22	789.50	35.89					

*Significativo a um nível de significância de 5%

Parâmetros de rendimento

H. Análise de variância para o número de vagens por cacho

Fonte de variação	d.f.	S.S.	M.S.	Cal. F	Tab. F	S.Em±	C D. a 5%	Teste
Replicação	2	0.08	0.04	0.29	3.44	0.11	0.31	NS
V	3	111.26	37.09	261.69	3.05	0.13	0.36	**
B	2	0.14	0.07	0.48	3.44	0.11	0.31	NS
Int. V X B	6	0.01	0.00	0.01	2.55	0.22	0.62	NS
Erro	22	3.12	0.14					

*Significativo a um nível de significância de 5%

I. Análise de variância para o número de cachos por planta

Fonte de variação	d.f.	S.S.	M.S.	Cal. F	Tab. F	S.Em±	CD. a 5%	Teste
Replicação	2	2.78	1.39	0.89	3.44	0.36	1.03	NS
V	3	889.38	296.46	189.80	3.05	0.42	1.19	**
B	2	13.22	6.61	4.23	3.44	0.36	1.03	*

Int. V X B	6	0.31	0.05	0.03	2.55	0.72	2.05	NS
Erro	22	34.36	1.56					

*Significativo a um nível de significância de 5%

J. Análise de variância para o número de colheitas

Fonte de variação	d.f.	S.S.	M.S.	Cal. F	Tab. F	S.Em±	C D. a 5%	Teste
Replicação	2	0.72	0.36	0.60	3.44	0.22	0.64	NS
V	3	82.08	27.36	45.33	3.05	0.26	0.74	**
B	2	0.39	0.19	0.32	3.44	0.22	0.64	NS
Int. V X B	6	3.17	0.53	0.87	2.55	0.45	1.28	NS
Erro	22	13.28	0.60					

*Significativo a um nível de significância de 5%

K. Análise de variância para o rendimento por planta (g)

Fonte de variação	d.f.	S.S.	M.S.	Cal. F	Tab. F	S.Em±	CD. a 5%	Teste
Replicação	260.48	130.24	0.25	3.44	260.48	6.58	18.72	NS
V	332634.53	110878.18	213.62	3.05	332634.53	7.59	21.61	**
B	4538.91	2269.45	4.37	3.44	4538.91	6.58	18.72	*
Int. V X B	849.55	141.59	0.27	2.55	849.55	13.15	37.44	NS
Erro	11419.02	519.05			11419.02			

*Significativo a um nível de significância de 5%

L. Análise de variância para o rendimento por parcela (kg)

Fonte de variação	d.f.	S.S.	M.S.	Cal. F	Tab. F	S.Em±	C D. a 5%	Teste
Replicação	2	0.01	0.01	0.13	3.44	0.06	0.18	NS
V	3	26.07	8.69	186.07	3.05	0.07	0.21	**
B	2	0.35	0.18	3.76	3.44	0.06	0.18	*
Int. V X B	6	0.07	0.01	0.25	2.55	0.12	0.36	NS
Erro	22	1.03	0.05					

*Significativo a um nível de significância de 5%

M. Análise de variância para o rendimento por hectare (q)

Fonte de variação	d.f.	S.S.	M.S.	Cal. F	Tab. F	S.Em±	CD. a 5%	Teste
Replicação	2	29.29	14.65	0.13	3.44	3.08	8.77	NS
V	3	63575.99	21192.00	186.11	3.05	3.56	10.12	**
B	2	857.64	428.82	3.77	3.44	3.08	8.77	*
Int. V X B	6	167.68	27.95	0.25	2.55	6.16	17.54	NS
Erro	22	2505.08	113.87					

*Significativo a um nível de significância de 5%

Parâmetros de qualidade

N. Análise de variância para o comprimento das vagens (cm)

Fonte de variação	d.f.	S.S.	M.S.	Cal. F	Tab. F	S.Em±	C D. a 5%	Teste
Replicação	2	0.11	0.05	0.13	3.44	0.19	0.53	NS
V	3	220.53	73.51	174.10	3.05	0.22	0.62	**
B	2	0.48	0.24	0.56	3.44	0.19	0.53	NS
Int. V X B	6	1.02	0.17	0.40	2.55	0.38	1.07	NS
Erro	22	9.29	0.42					

*Significativo a um nível de significância de 5%

O. Análise de variância para o número de sementes por vagem

Fonte de variação	d.f.	S.S.	M.S.	Cal. F	Tab. F	S.Em±	C D. a 5%	Teste
Replicação	2	0.04	0.02	0.19	3.44	0.10	0.27	NS
V	3	6.24	2.08	18.89	3.05	0.11	0.31	**
B	2	0.37	0.19	1.70	3.44	0.10	0.27	NS
Int. V X B	6	0.07	0.01	0.10	2.55	0.19	0.55	NS
Erro	22	2.42	0.11					

*Significativo a um nível de significância de 5%

P. Análise de variância para o teor de proteína bruta (%)

Fonte de variação	d.f.	S.S.	M.S.	Cal. F	Tab. F	S.Em±	C D. a 5%	Teste
Replicação	2	1.41	0.71	3.18	3.44	0.14	0.39	NS
V	3	5.53	1.84	8.30	3.05	0.16	0.45	**
B	2	2.27	1.14	5.12	3.44	0.14	0.39	*
Int. V X B	6	1.61	0.27	1.21	2.55	0.27	0.77	NS
Erro	22	4.89	0.22					

*Significativo a um nível de significância de 5%

Q. Análise de variância para o número de nódulos radiculares por planta aos 60 DAS

Fonte de variação	d.f.	S.S.	M.S.	Cal. F	Tab. F	S.Em±	C D. a 5%	Teste
Replicação	2	15.51	7.76	1.33	3.44	0.70	1.99	NS
V	3	195.39	65.13	11.15	3.05	0.81	2.29	**
B	2	304.68	152.34	26.08	3.44	0.70	1.99	**
Int. V X B	6	15.15	2.53	0.43	2.55	1.40	3.97	NS
Erro	22	128.49	5.84					

*Significativo a um nível de significância de 5%

R. Análise de variância para o número de nódulos radiculares por planta aquando da colheita

Fonte de variação	d.f.	S.S.	M.S.	Cal. F	Tab. F	S.Em±	C D. a 5%	Teste
Replicação	2	16.89	8.44	0.66	3.44	1.03	2.94	NS
V	3	140.63	46.88	3.67	3.05	1.19	3.39	*

B	2	285.76	142.88	11.18	3.44	1.03	2.94	**
Int. V X B	6	20.68	3.45	0.27	2.55	2.06	5.88	NS
Erro	22	281.28	12.79					

*Significativo a um nível de significância de 5%

Apêndice- S

Custos de cultivo do feijão-da-índia e outras informações relativas aos custos operacionais (A)
Informações relativas aos custos operacionais comuns da cultura do feijão-da-índia

Sr. Não.	Particular		Unidade	Custo /unidade	Quantidade	Valor ou custo (^ ha)[-1]
[A]	**OPERAÇÃO DE PRÉ-SEMENTEIRA**					
	1	Lavoura (por trator)	hr.	600	6	3600
	2	Prancha (**por** trator)	hr.	600	4	2400
[B]	N	**contribuição para o trabalho**				
	1	Aplicação de fertilizantes				
		FYM (25 **t/ha**)	Tonelada	1000	25	25000
		Ureia	kg	5.9	54.35	321
		SSP	kg	8	312.5	2500
	2	Taxas de irrigação (gotejamento)	hr.	300	18	5400
[C]	**Mão de obra**					
	1	Preparação do terreno	MD	260	15	3900
	2	Semeadura de sementes	MD	260	12	3120
	3	Aplicação de fertilizantes	MD	260	6	1560
	4	Preenchimento de lacunas (2 vezes)	MD	260	12	3120
	5	Monda (4 vezes)	MD	260	24	6240
	6	Intercultura	MD	260	10	2600
	7	Medida fitossanitária		-	-	11500
	8	Custo de colheita (10 vezes)	MD	260	120	31200
[D]	**Receitas fundiárias**			50	1	50
[E]	**Custo fixo total**					**102511**

(B) Custo variável por tratamento \ /ha de materiais suplementados

Combinações de tratamento	Custo do tratamento			Custo total /ha
	Custo das sementes (^)	*Rhizobium)^>*	PSB	
vibração	6500	60	-	6560
vibração$_2$	6500		120	6620
vibração$_3$	6500	60	120	6680
v_2 bi	6500	60	-	6560
v b_{22}	6500		120	6620
v b_{23}	6500	60	120	6680
v_3 bi	6600	60	-	6660

v b_{32}	6600		120	6720
v b_{33}	6600	60	120	6780
V_4 bi	7500	60	-	7560
v b_{42}	7500		120	7620
V4b	7500	60	120	7680

Nota: Taxa de várias rubricas

O trator custa 600 euros por hora.

Mão de obra a 260 por dia

Custos de mão de obra para pulverização química a < 324 por dia

Taxas de irrigação @120 por irrigação

Custo da semente @ GJIB 2260 por kg

GJIB 11 < 260 por kg

GNIB 22 C 264 por kg

Arka Jay 300 por kg

Custo da FYM @1000 por tonelada

Custo da ureia a <" 295 por 45 **kg**

Custo de SSP @400 por 50 kg

Rhizobium @60 por litro

PSB @ <120 por litro

(C) Pormenores do custo por tratamento da cultura do feijão indiano

Combinações de tratamento	**Custo variável A**	**Custo variável B**	**Variável total (A+B) (Γ)**
	Custo comum er)	**Custo das fontes de nutrientes (Γ)**	
vibração	102511	6560	109071
$vibração_2$	102511	6620	109131
$vibração_3$	102511	6680	109191
V_2 bi	102511	6560	109071
v b_{22}	102511	6620	109131
v b_{23}	102511	6680	109191
V_3 bi	102511	6660	109171
v b_{32}	102511	6720	109231
v b_{33}	102511	6780	109291
V_4 bi	102511	7560	110071
v b_{42}	102511	7620	110131
V4b	102511	7680	110191

Printed by Books on Demand GmbH, Norderstedt / Germany